Andreas Braun

Binnen-schifffahrtsfunk
mit Fragen- und Antwortenkatalog

Vorbereitung auf die
Prüfung für das
UKW-Sprechfunkzeugnis für den
Binnenschifffahrtsfunk (UBI)

DSV-VERLAG

Der Autor

Andreas Braun ist von Beruf Funkoffizier und Inhaber des „Allgemeinen Seefunkzeugnisses" sowie des „Allgemeinen Betriebszeugnisses für Funker". Viele Jahre fuhr er als Funker auf Schiffen aller Art weltweit zur See und war später bei der Küstenfunkstelle „Norddeich Radio" im Küsten- und Peilfunkdienst tätig. In dieser Zeit gehörten der Telegrafie-, Sprechfunk- und Telexverkehr mit Schiffen und Küstenfunkstellen zu seinen täglichen Aufgaben. Seit Anfang der 1990er-Jahre leitet der Autor Lehrgänge zum Erwerb von See- und Binnenfunkzeugnissen.

Danksagung
Danken möchte ich allen, die mich bei der Erstellung dieses Buches unterstützt haben.

Bibliografische Information der Deutschen Nationalbibliothek
Die Deutsche Nationalbibliothek verzeichnet diese Publikation in der Deutschen Nationalbibliografie; detaillierte bibliografische Daten sind im Internet über http://dnb.d-nb.de abrufbar.

4., aktualisierte Auflage
ISBN 978-3-88412-477-2
DSV-Verlag
© by Delius, Klasing & Co. KG, Bielefeld

Layout: machart Jochen Meyer
Druck: Kunst- und Werbedruck, Bad Oeynhausen
Printed in Germany 2011

Alle Rechte vorbehalten! Ohne ausdrückliche Erlaubnis des Verlages darf das Werk weder komplett noch teilweise reproduziert, übertragen oder kopiert werden, wie z. B. manuell oder mithilfe elektronischer und mechanischer Systeme inklusive Fotokopieren, Bandaufzeichnung und Datenspeicherung.

Vertrieb: Delius Klasing Verlag, Siekerwall 21, D-33602 Bielefeld
Tel.: 0521/559-0, Fax: 0521/559-115
E-Mail: info@delius-klasing.de
www.delius-klasing.de

Inhalt

I	**Einführung**	5
II	**Entwicklung des Binnenschifffahrtsfunks**	7
III	**Prüfung**	8
	1 Antrag	8
	2 Prüfungsablauf	8
	2.1 Vollprüfung	8
	2.2 Ergänzungsprüfung	8
	3 Übersicht Prüfungsanforderungen	9
IV	**Rechtliche Grundlagen des Funkverkehrs**	12
	1 Radio Regulations	12
	2 Regionale Vereinbarung über den Binnenschifffahrtsfunk/ Binnenschifffahrt-Sprechfunkverordnung	13
	2.1 Verkehrskreis „Schiff–Schiff"	14
	2.2 Verkehrskreis „Nautische Information"	14
	2.3 Verkehrskreis „Schiff–Hafenbehörde"	15
	2.4 Verkehrskreis „Funkverkehr an Bord"	15
	2.5 Verkehrskreis „Öffentlicher Nachrichtenaustausch"	15
	3 Binnenschifffahrtspolizeiverordnungen	16
	4 Telekommunikationsgesetz	17
	5 Frequenzzuteilungsverordnung	18
V	**Urkunden**	20
	1 Frequenzzuteilungsurkunde	20
	2 Funkzeugnisse	21
	3 Logbuch	28
VI	**Dienstbehelfe**	29
	1 Handbuch Binnenschifffahrtsfunk	29
	2 Merkblatt Verkehrssicherungssysteme auf Binnenschifffahrtsstraßen	30
	3 Mitteilungen für Seefunkstellen und Schiffsfunkstellen	32
VII	**Kennzeichnung von Funkstellen**	33
	1 Kennzeichnung mobiler Funkstellen	33
	1.1 Rufzeichen	33
	1.2 ATIS	33
	2 Kennzeichnung ortsfester Funkstellen	34

VIII	**Funkbetrieb**		36
	1 Grundlagen		36
	2 Binnenfunkanlagen		36
	3 VHF-Kanäle		39
IX	**Betriebsverfahren**		41
	1 Notverkehr		41
	2 Dringlichkeitsverkehr		46
	3 Sicherheitsverkehr		49
	4 Routineverkehr		51
	5 Testsendungen		53
	6 Teilnahme von Seefunkstellen am Binnenschifffahrtsfunk		54
	7 Teilnahme von Schiffsfunkstellen am Seefunk		54
X	**Technik**		55
	1 Frequenzen, Schwingungen		55
	2 Antennen, Ausbreitung		56
	3 Strom, Spannung, Widerstand, Leistung		57
	4 Batterien		58
	Anhänge		61
	Anhang 1:	Buchstabiertafel	61
	Anhang 2:	Sprechfunktafel	62
	Anhang 3:	Abkürzungen und Begriffsbestimmungen	66
	Anhang 4:	Wasserstraßen der Zonen 1–4	69
	Anhang 5:	Auszug Handbuch Binnenschifffahrtsfunk	74
	Anhang 6:	Merkblatt Verkehrssicherungssysteme	87
	Anhang 7:	VHF-Frequenzen/Kanäle	123
	Anhang 8:	Frequenzzuteilungsurkunde (Muster)	125
	Anhang 9:	Fremdsprachliche Redewendungen für die Fahrt	128
	Anhang 10:	Sprechfunkübungen im Binnenschifffahrtsfunk	132
	Anhang 11:	Empfohlener Ablaufplan für Funkprüfungen	139
	Anhang 12:	Fragenkatalog UBI	140
		I. Binnenschifffahrtsfunk	141
		II. Funkeinrichtungen und Schiffsfunkstellen	147
		III. Verkehrskreise	154
		IV. Sprechfunk	159
		V. Betriebsverfahren und Rangfolgen	165
	Anhang 13:	Fragenkatalog UBI Ergänzug	170

I Einführung

Für alle, die auf Binnengewässern Schiffsfunkanlagen bedienen möchten, ist das „UKW-Sprechfunkzeugnis für den Binnenschifffahrtsfunk" (UBI) vorgeschrieben. Um die Prüfung erfolgreich zu bestehen, ist eine gute Vorbereitung notwendig. Das vorliegende Buch möchte Ihnen dabei helfen. Es enthält das gesamte für die Prüfung erforderliche rechtliche, technische und praktische Wissen und stellt es kompakt, verständlich und praxisbezogen dar.

Im Anhang 12 sind alle möglichen Prüfungsfragen mit den jeweils 4 Antworten abgedruckt. Die erste Antwort ist hier immer die richtige. Allerdings sollte man sich mit dem Fragenkatalog Binnenschifffahrtsfunk erst nach dem Durcharbeiten des gesamten Buches befassen, da dann alle wichtigen Zusammenhänge geläufig sind. Eine Übersicht über den gesamten Prüfungsstoff findet sich in Kapitel III.

Bei der Vorbereitung zur Funkpraxis liegt ein besonderer Schwerpunkt darauf, jede Thematik anhand von konkreten Beispielfunksprüchen an verschiedenen Funkgeräten (Sailor 4822 und ICOM IC-M 505) zu erläutern, die eine effektive Vorbereitung auf die Prüfung ermöglichen. Über die mithilfe dieses Buches erworbenen Kenntnisse hinaus ist es unumgänglich, sich durch fachkundige und erfahrene Ausbilder gründlich anleiten zu lassen. Das betrifft die Bedienung von Binnenfunkanlagen ebenso wie das korrekte Verhalten in gefährlichen Situationen sowie die Abwicklung des Not-, Dringlichkeits-, Sicherheits- und Routinefunkverkehrs im Sprechfunkverfahren.

Die in den Anhängen 1–9 abgedruckten Übersichten sind für ein besseres Verständnis des behandelten Stoffes gedacht. Sie können aber auch nach der Prüfung noch eine große Hilfe für die praktische Verkehrsabwicklung darstellen, z. B. die Buchstabiertafel (Anhang 1), die Sprechfunktafel (Anhang 2), die fremdsprachlichen Redewendungen für die Fahrt (Anhang 9) oder die VHF-Frequenzen/Kanäle (Anhang 7).

Die Prüfung zu bestehen ist eine Sache – an Bord dann zurechtzukommen eine andere. Vergewissern Sie sich, dass Sie jederzeit auf unvorhersehbare Situationen vorbereitet sind. Das sichere Beherrschen des Sprechfunkverfahrens und die routinierte Bedienung Ihrer Binnenfunkanlage, auch über den Prüfungstag hinaus, sind die Voraussetzungen, um mit Umsicht auch kritische Situationen meistern zu können.

Nun viel Erfolg beim Lernen und immer eine Handbreit Wasser unterm Kiel!

Andreas Braun
Hamburg, im September 2011

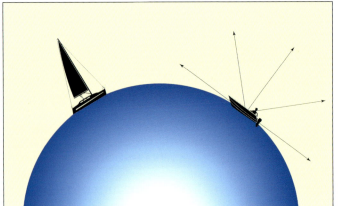

II Entwicklung des Binnenschifffahrtsfunks

Traditionell wurden in der Binnenschifffahrt zur Verständigung zwischen Schiffen **Schallzeichen** gegeben, wenn Kursabsprachen getroffen werden sollten. Sie sind auch heute noch geltendes Recht und in Anlage 6 von Rhein-, Mosel-, DonauSchPV und BinSchStrO mit ihren Bedeutungen zusammengefasst. Zahlreiche Vorschriften im Kapitel 6 dieser Verordnungen, das Verhaltensweisen während der Fahrt regelt – insbesondere beim Begegnen und Überholen, gehen immer noch davon aus, dass bestimmte Maßnahmen durch Schallzeichen angekündigt und bestätigt werden. In der Praxis hört man solche Schallzeichen immer seltener. Weil aber noch keine allgemeine Funkausrüstungspflicht besteht, ist – besonders für die Führer von Kleinfahrzeugen – die Kenntnis der Schallzeichen nach wie vor von erheblicher Bedeutung.

Im Zuge der technischen Entwicklung wurden viele Fahrzeuge – vor allem in der Berufsschifffahrt – mit **Sprechfunkgeräten** ausgerüstet, sodass Absprachen über Funk abgewickelt wurden. Als dieser Ausrüstungsstand auf dem Rhein bereits ca. 90 % in der gewerblichen (Groß-)Schifffahrt erreicht hatte, beschloss die Zentralkommission für die Rheinschifffahrt zu Beginn der 1990er-Jahre für diese Fahrzeuge die Funkausrüstungspflicht. Sie wurde danach auch in der übrigen westeuropäischen Binnenschifffahrt eingeführt. Als Konsequenz aus der Rechtsprechung zur Haftung bei Schiffsunfällen, nach der in gefährlichen Situationen eine vorhandene Ausrüstung benutzt werden muss, selbst wenn sie nicht vorgeschrieben ist, wurden diese öffentlich-rechtlichen Vorschriften um **Funkbenutzungspflichten** für alle mit Sprechfunk ausgerüsteten Fahrzeuge ergänzt. Diese Betriebsvorschriften gelten auch für Kleinfahrzeuge, für die die Ausrüstungspflicht nicht gilt. Wenn also Sportboote mit Sprechfunkanlagen ausgerüstet sind, gelten für diese die gleichen Bedingungen wie für die ausrüstungspflichtigen Fahrzeuge. Die Regeln über die Funkbenutzung haben konkretisiert, welche Situationen immer als so gefährlich anzusehen sind, dass eine Meldung über Funk vorgeschrieben ist, wenn sie möglich ist.

Der Binnenschifffahrtsfunk ist, wie der See- und der Flugfunk auch, ein sicherheitsrelevanter Funkbereich. Es dürfen im Wesentlichen nur Nachrichten ausgetauscht werden, die die **Fahrt des Schiffes** und/oder die **Sicherheit von Personen** betreffen. Um den Funkverkehr in geordneten Bahnen verlaufen zu lassen, ist neben der von der Bundesnetzagentur für Elektrizität, Gas, Telekommunikation, Post und Eisenbahnen (BNetzA) auszustellenden Frequenzzuteilungsurkunde auch ein entsprechendes Funkzeugnis für das Bedienen von Binnenfunkanlagen vorgeschrieben. Seit dem 1. Januar 2003 regelt die **Binnenschifffahrt-Sprechfunkverordnung** den Betrieb von UKW-Sprechfunkanlagen in der Binnenschifffahrt und den Erwerb des UKW-Sprechfunkzeugnisses für den Binnenschifffahrtsfunk. Die zu verwendenden Binnenfunkanlagen müssen bestimmten technischen Standards entsprechen, um für den Binnenschifffahrtsfunk europaweit zugelassen zu werden.

III Prüfung

Die formalen und inhaltlichen Anforderungen der Prüfung zum Erwerb des UKW-Sprechfunkzeugnisses für den Binnenschifffahrtsfunk (UBI) enthält die Binnenschifffahrt-Sprechfunkverordnung. Der Bewerber hat in einer Prüfung nachzuweisen, dass er zum einen über ausreichende theoretische Kenntnisse für die Teilnahme am Binnenschifffahrtsfunk verfügt und zum anderen zu ihrer praktischen Anwendung fähig ist. Die Voraussetzungen im Einzelnen:

1 Antrag

Der Bewerber muss bei dem zuständigen Prüfungsausschuss einen Antrag auf Zulassung zur Prüfung einreichen. Die Anschriften der Prüfungsausschüsse sind beim Deutschen Segler-Verband (DSV), Gründgensstr. 18, 22309 Hamburg, Tel. 040-632 0090, Internet: www.dsv.org in der Rubrik „Funk", sowie bei der Fachstelle für Verkehrstechniken (FVT), Weinbergstr. 11–13, 57070 Koblenz, erhältlich. Antragsformulare halten die Prüfungsausschüsse vor.

Der Antrag muss folgende Angaben enthalten: Familienname, Geburtsname, Vornamen, Tag und Ort der Geburt, Anschrift. Die Telefonnummer und die E-Mail-Adresse sollten immer freiwillig angeben werden, damit bei fehlenden Unterlagen oder Terminänderungen schnelle Rückfragen oder Informationen möglich sind. Dem Antrag sind ein Passfoto und eine Kopie des Reisepasses oder Personalausweises beizufügen.

Bewerber für das UKW-Sprechfunkzeugnis für den Binnenschifffahrtsfunk (UBI) müssen das 15. Lebensjahr vollendet haben. Allerdings kann der Antrag auch schon vor Vollendung des 15. Lebensjahres gestellt werden, da die Zulassung zur Prüfung bereits drei Monate vor diesem Zeitpunkt möglich ist.

2 Prüfungsablauf

2.1 Vollprüfung

Die Prüfung besteht aus zwei Teilen, die jeweils einzeln bestanden werden müssen.

Praktischer Teil: Dieser soll von seinem Umfang her 15 Minuten je Bewerber nicht überschreiten. Gefordert ist eine fehlerfreie Abgabe sowie Aufnahme von Not-, Dringlichkeits- oder Sicherheitsmeldungen nach Vorgabe eines Textes in deutscher Sprache innerhalb von fünf Minuten. Dabei ist die Buchstabiertafel (siehe Anhang 1) anzuwenden. Daneben werden weitere praktische Übungen im Binnenschifffahrtsfunk in Verbindung mit der fachgerechten Bedienung einer Schiffsfunkstelle geprüft.

Theoretischer Teil: Bearbeitung eines Fragebogens mit 34 ausgewählten Fragen aus dem Fragenkatalog innerhalb von 60 Minuten. Es müssen mindestens 80 % der möglichen Punktzahl erreicht werden.

2.2 Ergänzungsprüfung

Für Inhaber des Beschränkt Gültigen Funkbetriebszeugnisses (Short Range Certificate, SRC) oder des Allgemeinen Funkbetriebszeugnisses (Long Range Certificate, LRC) besteht die Möglichkeit, zum Erwerb des UBI eine Ergänzungsprüfung abzulegen. Inhaber des UKW-Betriebszeugnisses für

Funker (UBZ), des Beschränkt Gültigen Betriebszeugnisses für Funker (Restrictet Operator's Certificate, ROC) oder des Allgemeinen Betriebszeugnisses für Funker (General Operator's Certificate, GOC), sofern das Patent nach dem 1. Februar 2003 erworben wurde, müssen, wenn sie am Binnenschifffahrtsfunk teilnehmen wollen, ebenfalls eine Zusatzprüfung ablegen. Die Ergänzungsprüfung besteht aus zwei Teilen.

Praktischer Teil: Die Prüfung soll je Bewerber 15 Minuten nicht überschreiten. Gefordert wird eine fehlerfreie Abwicklung von Funkverkehr im Binnenschifffahrtsfunk in Verbindung mit der Bedienung einer Schiffsfunkstelle.

Theoretischer Teil: Es ist ein Fragebogen mit 16 ausgewählten Fragen innerhalb von 30 Minuten zu beantworten. Mindestens 80 % der möglichen Punktzahl müssen erreicht werden.
Die nachfolgende Tabelle (Abschnitt 3) bietet Ihnen eine Übersicht über die Anforderungen im theoretischen (A) sowie im praktischen Teil der Prüfung (B).

Auswertung der Prüfungsleistungen: Ist die Prüfung erfolgt, wird festgestellt, ob der Bewerber bestanden, nur teilweise bestanden oder gar nicht bestanden hat. Davon hängt das weitere Vorgehen ab.
Hat der Bewerber die Prüfung vollständig bestanden, wird ihm die Erlaubnis zum Bedienen von Binnenschifffahrtsfunkanlagen erteilt. Er erhält das UBI ausgehändigt.
Hat er die Prüfung nur teilweise bestanden, bleibt der bestandene Prüfungsteil für sechs Monate gültig. Frühestens nach zwei Wochen muss der Bewerber nur den nicht bestandenen (theoretischen oder praktischen) Teil der Prüfung wiederholen. Nach Ablauf von sechs Monaten muss er wieder ein vollständiges Verfahren durchlaufen.

3 Übersicht Prüfungsanforderungen

Nr.	Prüfungsteil	UKW-Sprechfunkzeugnis für den Binnenschifffahrtsfunk (UBI)	Ergänzungsprüfung für Inhaber des ROC, GOC, UBZ, LRC und SRC
A.	Theoretische Kenntnisse über den Binnenschifffahrtsfunk		
1.	Kenntnisse und wesentliche Merkmale des Binnenschifffahrtsfunks		
1.1	Verkehrskreise	•	•
1.1.1	Schiff–Schiff	•	•
1.1.2	Nautische Information	•	•
1.1.3	Schiff–Hafenbehörde	•	•
1.1.4	Funkverkehr an Bord	•	•
1.1.5	Öffentlicher Nachrichtenaustausch	•	•

Nr.	Prüfungsteil	UKW-Sprechfunkzeugnis für den Binnenschifffahrtsfunk (UBI)	Ergänzungsprüfung für Inhaber des ROC, GOC, UBZ, LRC und SRC
2.	**Rangfolge und Arten des Verkehrs im Binnenschifffahrtsfunk**		
2.1	Not-, Dringlichkeits- und Sicherheitsverkehr	•	•
2.2	Routinegespräche	•	•
2.3	Bestätigung von Meldungen	•	
2.4	Anweisungen von Landfunkstellen	•	•
2.5	Gespräche sozialen Inhalts	•	•
2.6	Testsendungen	•	
3.	**Funkstellen im Binnenschifffahrtsfunk**		
3.1	Schiffsfunkstellen	•	•
3.2	Landfunkstellen	•	•
3.3	Tragbare Funkanlagen	•	•
3.4	Kennzeichnung der Funkstellen	•	•
3.5	Funkausrüstungspflicht	•	•
3.6	Frequenzzuteilung	•	•
4.	**Grundkenntnisse über Frequenzen und ihre Nutzung**		
4.1	Ausbreitung der Ultrakurzwellen (UKW/VHF)	•	•
4.2.	Zuweisung der UKW-Kanäle im Binnenschifffahrtsfunk	•	
4.3	Betriebsarten Simplex, Duplex, Semi-Duplex	•	•
4.4	Digitaler Selektivruf (DSC)	•	
4.5	Zwei-Kanal-Überwachung (Dual watch)		•
4.6	Begrenzung der Sendeleistung	•	•
5.	**Automatisches Senderidentifizierungssystem (ATIS)**		
	Bildung der ATIS-Nummer	•	•
6.	**Grundkenntnisse über Bestimmungen und Veröffentlichungen, die den Binnenschifffahrtsfunk betreffen**		
6.1	Aufsicht über die Schiffsfunkstelle	•	
6.2	Fernmeldegeheimnis und Abhörverbot	•	•

Nr.	Prüfungsteil	UKW-Sprechfunkzeugnis für den Binnenschifffahrtsfunk (UBI)	Ergänzungsprüfung für Inhaber des ROC, GOC, UBZ, LRC und SRC
6.3	Handbuch Binnenschifffahrtsfunk	•	•
6.3.1	Allgemeiner Teil	•	•
6.3.2	Regionale Teile	•	•
6.4	Regionale Vereinbarung über den Binnenschifffahrtsfunk	•	•
6.5	Sprachen im Binnenschifffahrtsfunk	•	•
6.6	Empfohlene Redewendungen für die Fahrt	•	•
7.	**Technische Kenntnisse**		
7.1	Strom, Spannung und Leistung	•	
7.2	Antennen	•	
B.	**Praktische Kenntnisse und Fähigkeiten für das Bedienen einer Schiffsfunkstelle**		
1.	**Praktische Kenntnisse**		
1.1.	UKW-Funkanlagen	•	
1.2	Grundeinstellung	•	
1.3	Kanalauswahl	•	
1.4	Sendeleistung	•	
1.5	Rauschsperre (Squelch)	•	
2.	**Abwicklung des Binnenschifffahrtsfunks**		
2.1	Notverkehr	•	•
2.2	Dringlichkeitsverkehr	•	•
2.3	Sicherheitsverkehr	•	•
2.4	Routinegespräch	•	
2.5	Testsendungen	•	
3.	**Allgemeine Form der Abwicklung des Binnenschifffahrtsfunks**		
3.1	Anruf an eine Funkstelle	•	
3.2	Beantwortung von Anrufen	•	
3.3	Anruf an alle Funkstellen	•	

IV   Rechtliche Grundlagen des Funkverkehrs

1   Radio Regulations

 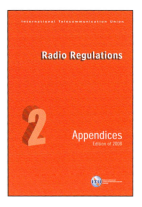  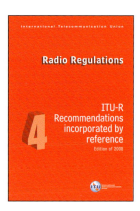

Radio Regulations, Bände 1–4

Die Radio Regulations (RR), erstmalig 1906 von 27 Staaten in Berlin unterzeichnet, regeln äußerst wichtige, alle Funkdienste betreffende Verfahrensweisen bezüglich des **Errichtens und Betreibens einer Funkstelle** weltweit.

Die vier Bände der Radio Regulations werden mit ihren Articles, Appendices, Resolutions sowie Recommendations heute von der International Telecommunication Union (ITU) herausgegeben, einer Unterorganisation der UNO. Alle Länder, die die Konstitution und Konvention der Internationalen Fernmeldeunion unterschrieben haben, verpflichten sich, die Regeln der Radio Regulations zu beachten und in nationales Recht umzusetzen. In Deutschland entsprechen die RR der Vollzugsordnung für den Funkdienst (VO Funk). Die in den RR getroffenenen **Regelungen** betreffen u. a.:

- » Genehmigungspflicht von Funkanlagen
- » Befähigungsnachweise (Funkzeugnisse)
- » Fernmeldegeheimnis
- » Überwachungsrecht der Verwaltungen
- » Kennzeichnung von Funkstellen
- » Not-, Dringlichkeits- und Sicherheitszeichen
- » Rangfolge des Funkverkehrs
- » Hörwachen auf Not- bzw. Anruffrequenzen
- » Sprechfunkverfahren
- » Frequenzverteilung und Frequenznutzung
- » Abrechnungsverfahren
- » Vermeidung von Störungen
- » technische Parameter von Funkanlagen

Die aufgeführten Stichpunkte werden im Verlauf dieses Buches noch näher erläutert. Generell gilt: Alle in der Regionalen Vereinbarung über den Binnenschifffahrtsfunk, der Rheinschifffahrtspolizeiverordnung sowie im Handbuch Binnenschifffahrtsfunk nachfolgend enthaltenen Regelungen, die den Funkverkehr betreffen, haben ihren Ursprung in den Radio Regulations.

2 Regionale Vereinbarung über den Binnenschifffahrtsfunk/ Binnenschifffahrt-Sprechfunkverordnung

Die Regionale Vereinbarung über den Binnenschifffahrtsfunk (RAINWAT) ist eine internationale Vereinbarung zwischen mehreren Unterzeichnerstaaten, in denen Binnenschifffahrt betrieben wird. Die Zentralkommission für die Rheinschifffahrt (ZKR) mit Sitz in Straßburg wie auch die Donaukommission (DK) mit Sitz in Budapest haben als internationale Organisationen Regelungen für die Schifffahrt auf ihren Revieren erarbeitet. Vertragsparteien sind Deutschland, Österreich, Belgien, Bulgarien, Kroatien, Frankreich, Ungarn, Luxemburg, Moldawien, die Niederlande, Polen, Rumänien, die Russische Föderation, die Slowakische Republik, die Schweiz, die Tschechische Republik, die Ukraine und die Bundesrepublik Jugoslawien. Anderen Staaten steht es frei, diese Vereinbarung anzuerkennen und zu unterzeichnen.

Zweck der Vereinbarung ist es, **gemeinsame Sicherheitsgrundsätze und Regeln** für Personen und Güter auf Binnenschifffahrtsstraßen anzuwenden. Die Harmonisierung des Funkdienstes soll dazu beitragen, die Sicherheit in der Binnenschifffahrt, insbesondere bei ungünstigen Witterungsbedingungen, zu verbessern. Folgende Regelungen wurden getroffen:

- » Verkehrskreise
- » Frequenznutzung
- » Betriebsverfahren
- » Frequenzzuteilungen für Schiffsfunkstellen
- » Funkzeugnisse des Bedienpersonals
- » Überprüfung von Schiffsfunkstellen
- » technische Anforderungen für Funkanlagen (z. B. ATIS)
- » Parameter für Antennen
- » tragbare VHF- und UHF-Funkanlagen
- » Hörbereitschaft auf wichtigen Kanälen
- » Herausgabe des Handbuchs Binnenschifffahrtsfunk
- » Reduzierung von nationalen Ausnahmen

Die Vereinbarung über den Binnenschifffahrtsfunk wurde von den Delegierten am 6. April 2000 in Basel ratifiziert. Stetig wird der Inhalt dieser Vereinbarung überprüft und ggf. den veränderten Bedingungen angepasst. Die Binnenschifffahrt-Sprechfunkverordnung legt als Grundregel fest, dass der Funkdienst bei einer Schiffsfunkstelle nur nach der Maßgabe der Regionalen Vereinbarung und des Handbuchs für den Binnenschifffahrtsfunk (Kapitel VII, Nr. 1) abgewickelt werden darf.

Im Binnenschifffahrtsfunk sind verschiedene **Verkehrskreise** für bestimmte Aufgaben eingerichtet. Diesen Verkehrskreisen sind bestimmte Kanäle für definierte Aufgaben zugeteilt. Alle Kanäle in den Verkehrskreisen, mit Ausnahme der Kanäle des Verkehrskreises „Öffentlicher Nachrichtenaustausch" und des Kanals 77 im Verkehrskreis „Schiff–Schiff", sind strikt darauf begrenzt, nur Angaben zur **Fahrt des Schiffes bzw. zur Sicherheit von Personen** zu übermitteln.

2.1 Verkehrskreis „Schiff–Schiff"

Dieser dient dem Herstellen von Funkverbindungen zwischen Schiffsfunkstellen. Es dürfen nur Nachrichten ausgetauscht werden, die sich ausschließlich auf die Fahrt des Schiffes, die Sicherheit von Schiffen und in dringenden Fällen auf die Sicherheit von Personen beziehen. Einer der wichtigsten Kanäle ist der **Sicherheits- und Anrufkanal 10**. Auf diesem Kanal müssen Schiffsfunkstellen während der Fahrt, sofern sie mit UKW ausgerüstet sind, ununterbrochen für Anrufe hörbereit sein. Ist der Kanal 10 für längere Zeit gestört, so wird für Anrufe auf Kanal 13 ausgewichen.

Weitere in diesem Verkehrskreis zu benutzende Kanäle sind z. B. 10, 13, 06, 08, 72 und 77 (Simplex).

Der Austausch von Nachrichten sozialer Art ist nur auf den Kanälen 72 und 77 zulässig. Diese Aussendungen sollten aber auch auf das notwendige Maß beschränkt bleiben. Übertragungen von überflüssigen Zeichen, z. B. von Musik, sind strengstens verboten. Die Sendeleistung beträgt maximal 1 Watt (automatische Reduzierung). Alle in diesem Verkehrskreis benutzten Kanäle sind Simplexkanäle. Dies bedeutet, dass auf ein und derselben Frequenz gesendet und empfangen wird. Die Folge ist, dass eine Schiffsfunkstelle, solange sie sendet, nicht unterbrochen werden kann.

2.2 Verkehrskreis „Nautische Information"

Hergestellt werden hier Funkverbindungen zwischen Schiffsfunkstellen und ortsfesten Funkstellen der Behörden, denen der Betrieb auf den Wasserstraßen obliegt. Der Nautische Informationsfunk beinhaltet den Austausch von **Informationen mit Schleusen, mit Revierzentralen und mit Verkehrsposten**, auch unter Einsatz der Blockkanäle. In diesem Verkehrskreis können beispielsweise Schleusen und Brücken angerufen werden. Es dürfen nur Nachrichten ausgetauscht werden, die sich ausschließlich auf die Fahrt des Schiffes, die Sicherheit von Schiffen und in dringenden Fällen die Sicherheit von Personen beziehen.

Die verschiedenen Verkehrsgebiete werden von Revierzentralen überwacht. Die Revierzentralen senden zu bestimmten Zeiten Lage- und Wasserstandsmeldungen, verbreiten Notmeldungen weiter und verbinden auch mit der Wasserschutzpolizei, falls erforderlich.

Die zu benutzenden Kanäle sind Duplexkanäle. Sie können dem Handbuch Binnenschifffahrtsfunk, dem „Merkblatt Verkehrssicherungssysteme auf Binnenwasserstraßen" (siehe VI.2 sowie Anhang 6) oder den am Ufer angebrachten Hinweistafeln entnommen werden.

Auf funkausrüstungspflichtigen Schiffen ist neben der Beobachtung des Schiff-Schiff-Kanals 10 auch die ununterbrochene **Hörwache** auf dem für den jeweiligen Streckenabschnitt vorgesehenen **Kanal der Revierzentrale** vorgeschrieben. Das erfordert die Ausrüstung mit zwei Schiffsfunkanlagen, da eine Zweikanalüberwachung ausdrücklich verboten ist.

Das Melde- und Informationssystem in der Binnenschifffahrt (MIB) betrifft Fahrzeuge mit gefährlichen Gütern oder Fahrzeuge einer definierten Größe. Schilder am Ufer der Wasserstraßen weisen die Schiffsfunkstellen an, sich bei bestimmten Stellen zu melden und ihre Daten (die Fahrt betreffend) zu aktualisieren.

2.3 Verkehrskreis „Schiff–Hafenbehörde"

Wie der Name schon sagt, dient dieser Verkehrskreis dem Herstellen von Funkverbindungen zwischen Schiffsfunkstellen und Landfunkstellen der Hafenbehörden. Es dürfen nur Nachrichten ausgetauscht werden, die sich ausschließlich auf die Fahrt des Schiffes, die Sicherheit von Schiffen und in dringenden Fällen auf die Sicherheit von Personen beziehen. Im Allgemeinen betreffen diese Nachrichten die Fahrt des Schiffes im Hafen oder die Zuweisung eines Liegeplatzes. Bei der Fahrt im Hafen muss der entsprechende Kanal anstelle des Kanals der Revierzentrale ununterbrochen abgehört werden.

Benutzt werden dürfen u. a. die Simplexkanäle 11, 12, 14, 71 sowie 75. Beim Schalten dieser Kanäle wird von der Binnenfunkanlage eine automatische Leistungsreduzierung auf maximal 1 Watt vorgenommen.

Die zuständigen Verwaltungen sind jedoch nicht verpflichtet, die Verkehrskreise „Schiff–Hafenbehörde" und „Nautische Information" auch überall einzurichten.

2.4 Verkehrskreis „Funkverkehr an Bord"

Hier werden Funkverbindungen innerhalb eines Schiffes oder an Bord eines Schlepp- bzw. Schubverbandes hergestellt. Es dürfen nur Nachrichten ausgetauscht werden, die sich ausschließlich auf die Fahrt des Schiffes, die Sicherheit von Schiffen und in dringenden Fällen auf die Sicherheit von Personen beziehen.

Diesem Verkehrskreis sind die Kanäle 15 und 17 zugeordnet, welche mit einer maximalen Sendeleistung von 1 Watt betrieben werden dürfen. Tragbare Funkanlagen dürfen, wenn sie den einschlägigen Normen entsprechen, an Bord eingesetzt, aber in keinem Fall an Land betrieben werden. Von dieser Regelung sind Kleinfahrzeuge im Sinne der Europäischen Binnenschifffahrtsstraßen-Ordnung ausgeschlossen.

2.5 Verkehrskreis „Öffentlicher Nachrichtenaustausch"

Dieser Verkehrskreis dient der Verbindung zwischen einer Schiffsfunkstelle und einem Telefonanschluss an Land über eine Landfunkstelle. Zur Verfügung stehen hierfür die Kanäle 23, 24, 25, 26, 27, 28, 83, 84, 85 und 86 (Duplex). Allerdings wird der Verkehrskreis kaum noch angeboten, da eine Abdeckung über die Mobilfunknetze in den meisten Gegenden gegeben ist.

In diesem Verkehrskreis kann auch mit voller Leistung (25 Watt) gesendet werden. Vor Nutzung der angebotenen Leistung der Landfunkstelle muss in jedem Fall vom Frequenzzuteilungsinhaber ein Vertrag mit einer Abrechnungsgesellschaft zur Abrechnung der anfallenden Gesprächsgebühren unterzeichnet werden. Die dann zugeteilte Abrechnungskennung wird in die Frequenzzuteilungsurkunde durch die BNetzA eingetragen.

3 Binnenschifffahrtspolizeiverordnungen

Folgende Unterlagen müssen an Bord sein:

» Frequenzzuteilungsurkunde im Original
» Funkzeugnis im Original
» Handbuch Binnenschifffahrtsfunk

Hörwachen sind in den Verkehrskreisen „Schiff–Schiff" sowie „Nautische Information" für ausrüstungspflichtige Schiffe vorgeschrieben. Entsprechende Gebotstafeln werden in den Binnenschifffahrtspolizeiverordnungen geregelt und sind meist an Uferböschungen oder vor Schleusen u. Ä. angebracht.

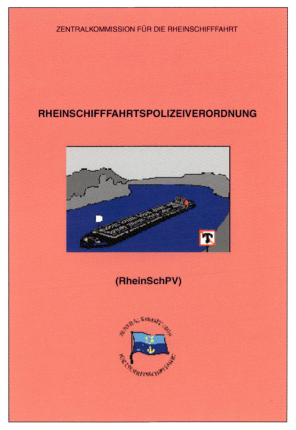

Rheinschifffahrtspolizeiverordnung

Die Hörwachenpflicht ist auch für nicht ausrüstungspflichtige Fahrzeuge, wie z. B. Sportfahrzeuge, vorgeschrieben, wenn sie bei schlechten Witterungsverhältnissen fahren wollen. Dies bedeutet, dass Schiffe ohne entsprechende Funkausrüstung bei schlechter Sicht auf den Binnenschifffahrtsstraßen nicht fahren dürfen.

In den Binnenschifffahrtspolizeiverordnungen, wie z. B. Rhein- oder Moselschifffahrtspolizeiverordnung, ist neben den grundsätzlichen Bestimmungen über den Sprechfunk weiterhin geregelt, welche **Sprache** für die Verkehrsabwicklung in den einzelnen Revieren zu wählen ist. Grundsätzlich ist die jeweilige Landessprache für den Funkverkehr zu wählen. Dies gilt sowohl für den Funkverkehr zwischen Schiffsfunkstellen als auch für den Funkverkehr mit Landfunkstellen. Bei Verständigungsschwierigkeiten können mithilfe von Schlüsselwörtern aus der Buchstabiertafel (siehe Anhang 1) Wörter buchstabiert und somit eindeutig übermittelt werden.

4 Telekommunikationsgesetz

Das Telekommunikationsgesetz (TKG) enthält wichtige Vorschriften über:

» Frequenzzuteilungen
» Fernmeldegeheimnis
» Überwachung von Funkanlagen
» Straf- und Bußgeldvorschriften
» Ordnungswidrigkeiten

Jede Frequenznutzung bedarf nach dem TKG der vorherigen **Zuteilung einer Frequenz** oder eines Frequenzbereiches. Eine Schiffsfunkstelle erhält eine entsprechende Frequenzzuteilung von der Bundesnetzagentur (BNetzA), Außenstelle Mülheim/Ruhr. Für eine kombinierte See-/Binnenfunkanlage wird die Frequenzzuteilung auf Antrag von der BNetzA, Außenstelle Hamburg, ausgestellt. Zur Frequenzzuteilung gehören Nebenbestimmungen, die entsprechend eingehalten werden müssen. Die Nebenbestimmungen enthalten u. a. grundsätzliche Regelungen zur Beitragspflicht, zum Überwachungsrecht, zu Störungen durch Funkstellen sowie Angaben, die zum Widerruf einer Frequenzzuteilung führen können. Die Frequenzzuteilung ist im Original an Bord mitzuführen.

TKG, Seite 1

Weiter ist im TKG geregelt, wer die **Frequenznutzung überwacht**. Unter anderem ist die Bundesnetzagentur befugt, Funkanlagen an Bord von Schiffen zu überprüfen und bei Verstößen ggf. ein Betriebsverbot auszusprechen. Ordnungswidrigkeiten können mit Bußgeldern belegt werden. Ordnungswidrig handelt derjenige, der eine Funkanlage ohne entsprechende Frequenzzuteilung errichtet oder betreibt. Auch ausländische Verwaltungen dürfen Ihre Funkanlage überprüfen, wenn es einen Grund hierfür gibt. Ein nachvollziehbarer Grund wäre z. B. das Stören des laufenden Funkverkehrs. In diesem Falle werden Messungen an ihren Funkanlagen vorgenommen und die Frequenzzuteilungsurkunde sowie das für die zur Bedienung der Funkanlage vorgeschriebene Funkzeugnis überprüft.

Das **Fernmeldegeheimnis** ist ein hohes Gut. Weltweit bereits in den Radio Regulations (VO Funk) und auch in unserem Grundgesetz (GG) geregelt, wird es im TKG noch einmal ausdrücklich erwähnt. Die Funkzeugnisse enthalten einen entsprechenden Hinweis auf die Verpflichtung, das Fernmeldegeheimnis zu wahren.

Die Wahrung des Fernmeldegeheimnisses bedeutet im Einzelnen, dass nur Nachrichten aufgenommen werden dürfen, die an alle Schiffsfunkstellen oder an die eigene Funkstelle gerichtet sind. Unzulässig ist es, Nachrichten zu empfangen, die an eine andere Funkstelle adressiert sind (Abhörverbot).

Ferner dürfen weder die Umstände des Nachrichtenaustausches noch der Inhalt von Nachrichten Dritten mitgeteilt werden, sofern es sich nicht um Meldungen an alle Schiffsfunkstellen gehandelt hat. Nur ein Richter kann vor Gericht von der Wahrung des Fernmeldegeheimnisses entbinden.

5 Frequenzzuteilungsverordnung

Die Frequenzzuteilungsverordnung (FreqZutV) enthält insbesondere Vorschriften über:

- » Allgemeine Voraussetzungen
- » Arten von Frequenzzuteilungen
- » Inhalt von Frequenzzuteilungen
- » Änderungen von Frequenzzuteilungen
- » Löschung von Frequenzzuteilungen

Diese Regelungen beziehen sich also darauf, an wen und für welchen **Verwendungszweck** Frequenzzuteilungen vergeben werden können.
Angaben, die die Frequenzzuteilungsurkunde enthält, müssen der FreqZutV entsprechen. **Änderungen** hinsichtlich der Person oder des Verwendungszweckes der Funkanlage müssen entsprechend angezeigt und die Angaben in der Frequenzzuteilungsurkunde ggf. geändert werden.

Frequenzzuteilungsverordnung

(FreqZutV)

Vom 26. April 2001

Auf Grund des § 47 Abs. 4 des Telekommunikationsgesetzes vom 25. Juli 1996 (BGBl. I S. 1120) verordnet die Bundesregierung:

§ 1

Geltungsbereich

Diese Verordnung regelt die Zuteilung von Frequenzen.

§ 2

Frequenzzuteilung

(1) Unbeschadet einer nach § 6 des Telekommunikationsgesetzes erforderlichen Lizenz bedarf es für jede Frequenznutzung einer Zuteilung.

(2) Frequenznutzung im Sinne dieser Verordnung ist jede erwünschte Aussendung oder Abstrahlung elektromagnetischer Wellen.

(3) Frequenznutzung im Sinne dieser Verordnung ist auch jede Führung elektromagnetischer Wellen in und längs von Leitern, die bestimmungsgemäß betriebene Funkdienste oder bestimmungsgemäß betriebene andere Anwendungen elektromagnetischer Wellen unmittelbar oder mittelbar beeinträchtigen könnte.

(4) Eine Frequenzzuteilung ist die behördliche oder durch Rechtsvorschriften erteilte Erlaubnis zur Benutzung von bestimmten Frequenzen unter festgelegten Bestimmungen.

(5) Frequenzen werden zweckgebunden zugeteilt. Die Frequenzzuteilung erfolgt nach Maßgabe des Frequenznutzungsplanes.

§ 3

Arten der Frequenzzuteilung

(1) Frequenzen werden

1. natürlichen Personen, juristischen Personen oder Personenvereinigungen, soweit ihnen ein Recht zustehen kann, für einzelne Frequenznutzungen auf schriftlichen Antrag als Einzelzuteilung oder

2. von Amts wegen als Allgemeinzuteilung für die Benutzung von bestimmten Frequenzen durch die Allgemeinheit oder einen nach allgemeinen Merkmalen bestimmten oder bestimmbaren Personenkreis oder

3. auf Grund eines sonstigen Verfahrens, soweit dies in Gesetzen und Rechtsverordnungen vorgesehen ist,

zugeteilt.

(2) Frequenzen, die im Frequenznutzungsplan für die Seefahrt und die Binnenschifffahrt sowie den Flugfunkdienst ausgewiesen sind und die auf fremden Wasser- oder Luftfahrzeugen, die sich im Geltungsbereich des Telekommunikationsgesetzes aufhalten, zu den entsprechenden Zwecken genutzt werden, gelten als zugeteilt.

Frequenzzuteilungsverordnung, Seite 1

V Urkunden

1 Frequenzzuteilungsurkunde

Es ist laut der international bindenden Radio Regulations und unserem deutschen Telekommunikationsgesetz vorgeschrieben, eine Frequenzzuteilungsurkunde für das Errichten und Betreiben von Schiffsfunkstellen an Bord mitzuführen. Die Urkunde muss im **Original an Bord** vorhanden sein. Die Bestimmungen der Regionalen Vereinbarung über den Binnenschifffahrtsfunk besagen, dass die Frequenzzuteilungen von den Unterzeichnerstaaten gegenseitig anerkannt werden. Für eine Binnenfunkanlage wird die Frequenzzuteilung bei der Bundesnetzagentur für Elektrizität, Gas, Telekommunikation, Post und Eisenbahnen (BNetzA) bei der Außenstelle in Mülheim an der Ruhr **beantragt**. Ist es geplant, sowohl am See- als auch am Binnenschifffahrtsfunk teilzunehmen, und ist zweckmäßigerweise sowie aus Platzgründen eine sogenannte „Kombianlage" installiert worden, so wird die Frequenzzuteilung für den See- und den Binnenschifffahrtsfunk bei der BNetzA, Außenstelle Hamburg, beantragt.

Frequenzzuteilungsurkunde

Auf der Frequenzzuteilung für den Binnenschifffahrtsfunk sind die Adresse des Antragstellers, der Schiffsname, der Heimathafen, das Rufzeichen, die ATIS-Kennung, ggf. Bemerkungen sowie die genehmigten Funkanlagen vermerkt. Jede **Änderung** der manifestierten Daten sollte sofort der BNetzA schriftlich mitgeteilt werden. Wenn also z. B. eine vorhandene alte Funkanlage durch ein neueres Modell ausgewechselt werden soll, muss das der BNetzA mitgeteilt werden, damit die Frequenzzuteilungsurkunde entsprechend abgeändert wird.

Bei Nichtbeachtung kann die Funkanlage stillgelegt bzw. ein **Betriebsverbot** durch die Verwaltung ausgesprochen werden.

2 Funkzeugnisse

UKW-Sprechfunkzeugnis für den Binnenschifffahrtsfunk (UBI)

Die international gültigen Radio Regulations schreiben für jeden, der am See- bzw. Binnenschifffahrtsfunk teilnehmen möchte, einen entsprechenden Befähigungsnachweis in Form eines Funkzeugnisses vor, um damit die Voraussetzung für einen reibungslosen und störungsfreien Funkverkehr zu schaffen. Zum Bedienen von Binnenfunkanlagen ist nach den Vorschriften der Binnenschifffahrt-Sprechfunkordnung das UBI vorgeschrieben.

Inhaber eines UBI sind berechtigt, Binnenfunkanlagen auf **Binnenwasserstraßen im Bereich der Unterzeichnerstaaten** und im **Bereich der Wasserstraßen 1–3** zu bedienen. Sie sind nicht berechtigt, am Weltweiten Seenot- und Sicherheitsfunksystem (GMDSS) mit seinem Digitalen Selektivruf (DSC) teilzunehmen. Hierzu ist ein gesondertes Seefunkzeugnis erforderlich! Das UBI berechtigt weiterhin nicht zur Bedienung von Radaranlagen auf Binnenschiffen. Auch hierfür muss ein besonderes Zeugnis erworben werden.

Inhaber des „Allgemeinen Betriebszeugnisses für Funker", des „Beschränkt Gültigen Betriebszeugnisses für Funker" (I und II) sowie Inhaber des „Allgemeinen Sprechfunkzeugnisses für den Seefunkdienst" oder des „Beschränkt Gültigen UKW-Sprechfunkzeugnisses" dürfen auch weiterhin am Binnenschifffahrtsfunk mit ihrem Zeugnis teilnehmen, sofern beim Erwerb des Zeugnisses die notwendigen Kenntnisse nachgewiesen wurden.

Amateur- und Flugfunkzeugnisse sind im Binnenschifffahrtsfunk nicht gültig. Die Betriebsverfahren sowie die zu benutzenden Frequenzen unterscheiden sich erheblich.

Das Sprechfunkzeugnis ist immer im **Original an Bord** mitzuführen und autorisierten Personen (BNetzA, Wasserschutzpolizei) auf Verlangen vorzulegen.

Ein Funkzeugnis kann von der zuständigen Verwaltung entzogen werden, wenn der Inhaber z. B. in grober Weise nachweisbar und wiederholt den Funkverkehr stört und damit die Sicherheit der Binnenschifffahrt gefährdet. Zuständig ist die Behörde, die das Funkzeugnis ausgestellt hat bzw. ihr Nachfolger.

V Urkunden

*UKW-Sprechfunkzeugnis
für den Binnenschifffahrtsfunk
(UBI)*

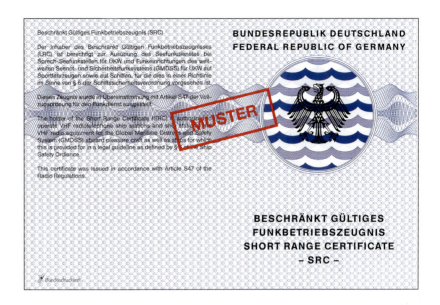

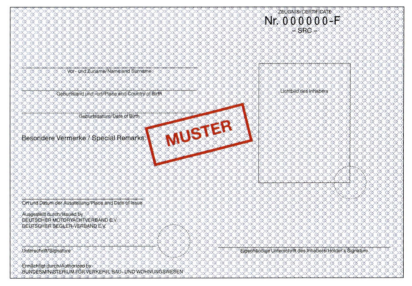

Beschränkt Gültiges Funkbetriebszeugnis
Short Range Certificate
(SRC)

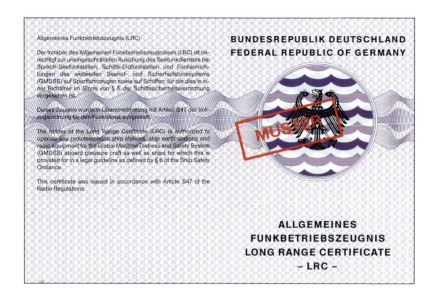

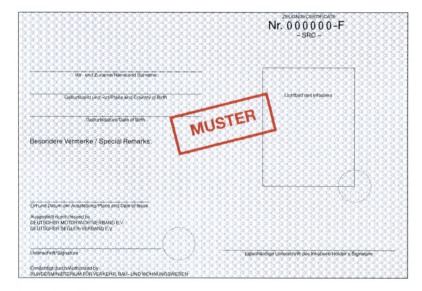

Allgemeines Funkbetriebszeugnis
Long Range Certificate
(LRC)

Allgemeines Sprechfunkzeugnis

UKW-Sprechfunkzeugnis

Besondere Vermerke der ausstellenden Behörde:
Special remarks of issuing administration:

Bundesrepublik Deutschland

MUSTER

Beschränkt Gültiges Sprechfunkzeugnis für Ultrakurzwellen

(Radiotelephone Operator's Restricted Certificate for Very High Frequencies*)

*) of the Maritime Mobile Service in the band 156–174 MHz

1.98 / 8 7 6 5 4 3 2
2 × A6–920s
Reg TP   F 3.187, Stand 01/98

Nr. _____ Inhaber / Holder

Name: _____
Surname:

Vornamen: _____
Christian names:

Geburtstag: _____
Date of birth:

Geburtsort: _____
Place of birth:

Lichtbild

Unterschrift des Inhabers:
Signature of the holder:

Ruf- und Zuname

Dieses Zeugnis wurde in Übereinstimmung mit Artikel 55 der Vollzugsordnung für den Funkdienst ausgestellt.

Der Inhaber dieses Zeugnisses hat in einer Prüfung die Kenntnisse und Fertigkeiten zum Erwerb des Beschränkt Gültigen Sprechfunkzeugnisses für Ultrakurzwellen in Übereinstimmung mit dem Internationalen Fernmeldevertrag und der Vollzugsordnung für den Funkdienst nachgewiesen.

Er ist zur Wahrung des Fernmeldegeheimnisses verpflichtet.

Der Inhaber dieses Zeugnisses ist berechtigt, den Sprechfunkdienst auf Ultrakurzwellen bei deutschen Seefunkstellen nach den in der Bundesrepublik Deutschland geltenden Bestimmungen auszuüben.

This certificate was issued in accordance with Article 55 of the Radio Regulations.

The holder of this certificate has given proof in an examination of the knowledge and ability required for the acquisition of the Radiotelephone Operator's Restricted Certificate for Very High Frequencies in accordance with the International Telecommunication Convention and the Radio Regulations annexed thereto.

He has to preserve the secrecy of telecommunications.

The holder of this certificate is authorized to perform the radiotelephone service of German ship stations in the band between 156 and 174 MHz in accordance with the Regulations in force in the Federal Republic of Germany.

_____, den _____

Regulierungsbehörde
für Telekommunikation und Post
Im Auftrag / *by direction*

Beschränkt Gültiges Betriebszeugnis für Funker I (ROC)

Allgemeines Betriebszeugnis für Funker (GOC)

3 Logbuch

Wichtiger Funkverkehr wird unter Angabe des benutzten **VHF-Kanals** sowie der **Uhrzeit** in das Logbuch oder Schiffstagebuch eingetragen. Notverkehr soll möglichst wortgetreu aufgeschrieben werden. Über den Dringlichkeits- und Sicherheitsverkehr genügt es meistens, Angaben über die Art des Falles und dessen Verlauf zu machen. Das Logbuch ist eine Urkunde. Alle Eintragungen müssen urkundenecht mit Kugelschreiber vorgenommen werden. Eintragungen mit Bleistift oder Radierungen sind nicht zugelassen. Wenn etwas verbessert werden muss, ist die ursprüngliche Eintragung leserlich einmal durchzustreichen und die Verbesserung darüber zu schreiben. Zeilen ohne Eintragungen sind nicht zulässig. Vor Gericht kann das Logbuch als Beweis herangezogen werden, vorausgesetzt, es wurde richtig geführt.

VI Dienstbehelfe

1 Handbuch Binnenschifffahrtsfunk

Das Handbuch Binnenschifffahrtsfunk wird von der Donaukommission (DK) mit Sitz in Budapest und von der Zentralkommission für die Rheinschifffahrt (ZK) mit Sitz in Straßburg gemeinsam herausgegeben. Das **Mitführen** dieses Handbuches ist bei jeder Binnenfunkstelle **vorgeschrieben**, also auch auf Sportbooten, wenn sie mit einer UKW-Binnenfunkanlage ausgerüstet sind! Es ist bei der Suche nach Rufnamen und Kanälen ausgesprochen hilfreich. Es besteht aus zwei Teilen, dem Allgemeinen und dem Regionalen Teil.

Handbuch Binnenschifffahrtsfunk, 2011

Der Allgemeine Teil

- » erklärt die Begriffe,
- » beschreibt den Betrieb der verschiedenen Verkehrskreise,
- » beschreibt die Abwicklung des Binnenschifffahrtsfunks,
- » enthält Gesprächsbeispiele und Buchstabiertafeln,
- » behandelt das Fernmeldegeheimnis,
- » erklärt die technischen Merkmale der Schiffsfunkstellen,
- » erklärt die Zeugnisse, die Zeugnispflicht und die Teilnahme an anderen Funkdiensten,
- » behandelt die Meldepflicht für bestimmte Fahrzeuge.

Der Regionale Teil

- » macht kenntlich, welche Bestimmungen für Funkanlagen in bestimmten Regionen gelten,
- » gibt eine Übersicht über ortsfeste Funkstellen,
- » enthält ein Verzeichnis von Dienststellen, die ständig besetzt sind,
- » zeigt empfohlene Redewendungen für die Fahrt auf,
- » enthält Karten der Regionen mit Kanalangaben.

Ein Auszug aus dem Handbuch Binnenschifffahrtsfunk ist diesem Buch im Anhang 5 beigefügt.

2 Merkblatt Verkehrssicherungssysteme auf Binnenschifffahrtsstraßen

Das Merkblatt wird von der Wasser- und Schifffahrtsverwaltung des Bundes herausgegeben. Es enthält – übersichtlich angeordnet – Angaben über den Nautischen Informationsfunk (NIF) sowie über

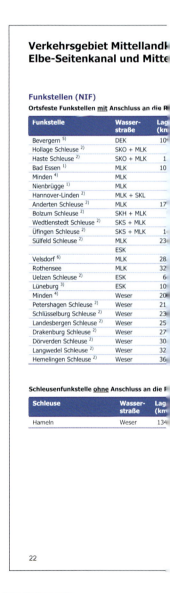

Merkblatt Verkehrssicherungssysteme auf Binnenschifffahrtsstraßen, Seiten 1, 22, 23 (Komplettabdruck im Anhang 6)

das Melde- und Informationssystem in der Binnenschifffahrt (MIB). Für das **schnelle Auffinden von ortsfesten Funkstellen** und deren Rufnamen bzw. Kanälen im gerade befahrenen Bereich ist das Merkblatt unerlässlich und ausgesprochen hilfreich. Das Merkblatt ist im Anhang 6 vollständig abgedruckt.

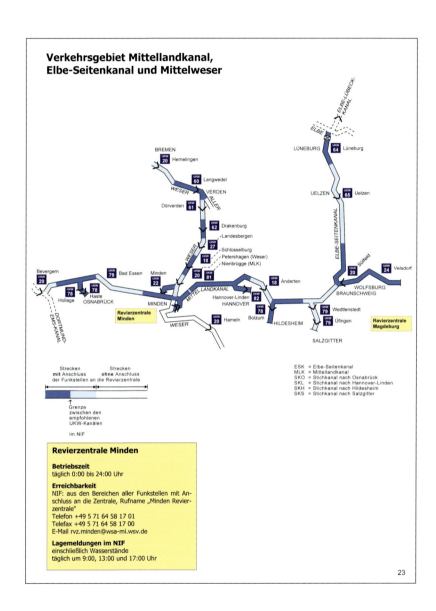

3 Mitteilungen für Seefunkstellen und Schiffsfunkstellen

Die von der BNetzA (früher: RegTP) herausgegebenen Mitteilungen beinhalten **Neuigkeiten** aus dem Bereich See- und Binnenschifffahrtsfunk. Wenn sich z. B. VHF-Kanäle von Duplex- in Simplexkanäle ändern oder sich im Sprechfunkverfahren etwas ändert, kann man es hier nachlesen. Diese Mitteilungen werden bei Bedarf herausgegeben und müssen an Bord von Schiffen mit einer See- bzw. Binnenfunkanlage mitgeführt werden!

Mitteilungen für Seefunkstellen und Schiffsfunkstellen

Regulierungsbehörde für Telekommunikation und Post

Mitteilungen für Seefunkstellen und Schiffsfunkstellen

(Erscheinen bei Bedarf)
Bearbeitet bei der Regulierungsbehörde für Telekommunikation und Post (Reg TP) Außenstelle Hamburg. Die Herausgabe der MfS erfolgt im Auftrag des Bundesministeriums für Wirtschaft und Technologie, Bonn.
Nachdruck - auch auszugsweise - mit Quellenangabe gestattet

Jahrgang 2001   Hamburg, November 2001   Heft 1

Inhalt:

1. **Allgemeine Informationen**
   1.1 Mitteilungen für Seefunkstellen und Schiffsfunkstellen (MfS)
   1.2 Frequenzzuteilungsurkunden
   1.3 Gebühren und Beiträge für Frequenzzuteilungen im Seefunkdienst und Binnenschifffahrtsfunk
   1.4 Art des Funkverkehrs
   1.5 Mitführen von Informationen für die Durchführung des Seefunkdienstes bzw. Binnenschifffahrtsfunks an Bord von Schiffen
   1.6 Funkzeugnisse für den Seefunkdienst und den Binnenschifffahrtsfunk

2. **Informationen zum UKW-Seefunkdienst**
   2.1 Weltweites Seenot- und Sicherheitsfunksystem (GMDSS)
   2.2 Sprechfunkverfahren im GMDSS
   2.3 Wie sollen sich Seefunkstellen verhalten, wenn sie den DSC-Notalarm eines Schiffes empfangen haben?
   2.4 Küstenwache und SAR

3. **Binnenschifffahrtsfunk**
   3.1 Regionale Vereinbarung über den Binnenschifffahrtsfunk
   3.2 Handbuch Binnenschifffahrtsfunk

4. **Anlagen**
   4.1 Anlage 1 – Flussdiagramm: Maßnahmen des Schiffes beim Empfang eines DSC-Notalarms auf UKW / Grenzwelle
   4.2 Anlage 2 – Flussdiagramm: Maßnahmen des Schiffes beim Empfang eines DSC-Notalarms auf Kurzwelle

VII Kennzeichnung von Funkstellen

1 Kennzeichnung mobiler Funkstellen

1.1 Rufzeichen

Die Bundesnetzagentur (BNetzA), Außenstelle Hamburg, stellt auf Antrag eine Frequenzzuteilungsurkunde aus. Gleichzeitig wird ein Unterscheidungssignal oder auch **Rufzeichen** zugeteilt. International wurde der Bundesrepublik Deutschland von der International Telecommunication Union (ITU) die Rufzeichenreihe DAA–DRZ zugewiesen. Aus dieser zugewiesenen Reihe wurden nun Rufzeichen für See- und Binnenfunkstellen gebildet. Für den Binnenschifffahrtsfunk in Deutschland wurden von der früheren RegTP (Regulierungsbehörde für Telekommunikation und Post) folgende Rufzeichenreihen ausgewählt (alte Regelung):

» DA 4001 – DA 5999
» DC 2001 – DC 9999
» DM 2001 – DM 3999

Die im Funkverkehr anzugebende **Kennung** des Schiffes setzt sich damit aus zwei Bestandteilen zusammen: dem Namen des Schiffes, den der Eigner selbst vergibt und der BNetzA mitgeteilt hat, und dem Rufzeichen, das von dieser Behörde zugeteilt wird. Heißt das Schiff z. B. Sharky und wurde ihm von der BNetzA das Rufzeichen DC 8216 und die ATIS-Nummer 9211038216 zugeteilt, dann ist die im Funkverkehr zu sprechende Kennung „Sharky/DC 8216".

1.2 ATIS

Zusätzlich ist bei allen Binnenfunkanlagen eine ATIS-Programmierung vorgeschrieben (ATIS = Automatic Transmitter Identification System). Für das Schiff Sharky mit dem Rufzeichen DC 8216 und der ATIS-Kennung 9211038216 geschieht die Bildung der ATIS-Kennung wie folgt:

» 9 wurde für die Binnenschifffahrt vergeben,
» 211 ist die MID (Maritime Identification Digit),
» 03 der zweite Buchstaben des Rufzeichens wurde codiert
  (dritter Buchstabe des Alphabetes = C),
» 8216 sind die dem Rufzeichen zugeordneten Ziffern.

Das ATIS-Signal wird bei jeder Aussendung automatisch ausgesendet, sobald die Sprechtaste losgelassen wird. Es dient der **eindeutigen Identifizierung** der Binnenfunkstelle. Ortsfeste Funkstellen können feststellen, wer gesendet hat. Es gibt aber auch schon Binnenfunkanlagen für Schiffe, die das ATIS-Signal decodieren. Das Rufzeichen des sendenden Schiffes ist dann auf dem Display des Gerätes zu erkennen. Tragbare Funkanlagen müssen genauso wie die fest eingebauten Binnenfunkanlagen mit ATIS codiert werden, bekommen aber kein eigenes Rufzeichen.

Es gibt Funkanlagen, die mit sogenannten „ATIS-Killern" ausgerüstet sind. Ein ATIS-Killer unterdrückt das akustische Signal der empfangenen ATIS-Kennung, nicht jedoch das optische.

2 Kennzeichnung ortsfester Funkstellen

Ortsfeste Funkstellen oder Landfunkstellen sind Funkstellen, die an Land betrieben werden. Gekennzeichnet werden sie durch ihren **geografischen Namen** und den **Verwendungszweck** der Funkstelle. Einige Beispiele für das Ansprechen von Landfunkstellen:

- » Oberwesel Revierzentrale
- » Münster Schleuse
- » Duisburg Hafen
- » Iffezheim Lotsenstation

Im Ausland soll möglichst die Sprache des Landes verwendet werden, auf dessen Binnenschifffahrtsstraßen gefahren wird (siehe auch Anhang 9).
In Frankreich:

- » Gerstheim Ecluse
  (Gerstheim Schleuse)
- » Strasbourg Port (Straßburg Hafen)

In Holland:

- » Hasselt sluis (Hasselt Schleuse)
- » Nijmegen havendienst (Nijmegen Hafen)

Eine mit dem Zusatz „sector" bezeichnete Landfunkstelle ist in den Niederlanden als **„Blockkanal"** den Verkehrskreisen „Schiff–Schiff" und „Nautische Information" gleichzeitig zugeordnet.

Beispiel:
Millingen sector

Die näheren Umstände des Funkverkehrs werden im nachfolgenden Kapitel beschrieben.

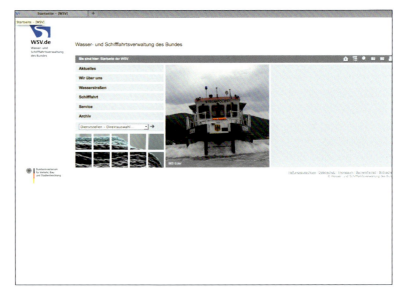

Homepage der Wasser- und Schifffahrtsverwaltung des Bundes

Revierzentrale Magdeburg

Revierzentrale Oberwesel

VII.2 Kennzeichnung ortsfester Funkstellen

Revierzentrale Duisburg

Revierzentrale Duisburg

VIII Funkbetrieb

1 Grundlagen

Die Funkanlagen an Bord von Binnenschiffen sind Bestandteil der **Sicherheitsausrüstung** und müssen in jedem Fall funktionstüchtig und für den Zweck zugelassen sein. Alle vorgeschriebenen **Dienstbehelfe** müssen an Bord vorhanden sein und auf dem neuesten Stand gehalten werden. Die vorgeschriebenen **Hörwachen auf Kanal 10** im Verkehrskreis „Schiff–Schiff" und unter Umständen zusätzlich auf einem Kanal im Verkehrskreis „Schiff–Hafenbehörde" bzw. „Nautische Information" müssen sichergestellt sein. „Dual Watch", also die gleichzeitige Überwachung zweier Kanäle, ist auf funkausrüstungspflichtigen Schiffen verboten! Um Ermittlungen im Zusammenhang mit Havarien zu erleichtern, sind Aufzeichnungsgeräte für den Sprechfunkverkehr für den Kanal 10 sowie den Kanal 13 zugelassen. Amateurfunkstellen und Mobilfunkgeräte dürfen an Bord mit Zustimmung des Schiffsführers nur betrieben werden, wenn sichergestellt ist, dass keine Störungen bei der Schiffsfunkstelle verursacht werden. Weiterhin müssen die Frequenzzuteilungsurkunde und das für die Funkanlage vorgeschriebene Funkzeugnis im Original an Bord sein.

Vor jeder Aussendung ist sicherzustellen, dass anderer laufender **Funkverkehr nicht gestört** wird. Um festzustellen, ob auf dem gleichen Kanal gesprochen wird, kann man die Rauschsperre (Squelch) am Funkgerät betätigen. Hierdurch wird die Empfindlichkeit des Empfängers größer. Sollte es rauschen, so ist der Kanal frei. Rauscht es nicht und ist auch kein Sprechen zu hören, kann es sein, dass ein Schiff oder eine Landfunkstelle eine Trägerfrequenz aussendet. Dann ist der Kanal belegt. Also gilt grundsätzlich:

ERST HÖREN – DANN SENDEN!

Strengstens verboten sind Aussendungen auf **Kanal 16 oder Kanal 70**. Auf Kanal 16 wird im Seefunk Not-, Dringlichkeits- und Sicherheitsverkehr sowie Anrufverkehr abgewickelt. Der Kanal 70 ist im Seefunk für Aussendungen mittels Digitalen Selektivrufs (DSC) vorgesehen und darf deshalb von Binnenfunkstellen in keinem Fall benutzt werden. Die Benutzung von Kurzwellenfrequenzen für die Abwicklung des Binnenschifffahrtsfunks ist in der Bundesrepublik Deutschland nicht erlaubt.

Im Funkverkehr mit Landfunkstellen ist den Anweisungen einer Landfunkstelle in jedem Fall Folge zu leisten. Dies können Anweisungen zur Ruhe oder auch Aufforderungen zu einem Kanalwechsel sein.

Schiffsfunkstellen, die nur an sie gerichtete Meldungen empfangen, müssen der sendenden Funkstelle den Empfang der Meldung bestätigen.

2 Binnenfunkanlagen

Die Wahl, welche Binnenfunkanlage zum Einsatz kommt, liegt im Ermessen des Eigners des Schiffes. Art und Umfang der Ausrüstung müssen jedoch den einschlägigen Bestimmungen der Radio Regulations, der Vereinbarung über den Binnenschifffahrtsfunk sowie den verschiedenen Schiff-

VIII.2 Binnenfunkanlagen

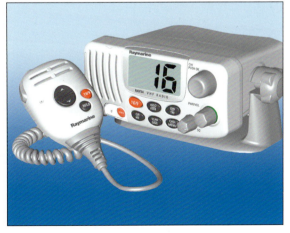

Verschiedene Kombianlagen und ein Handsprechfunkgerät (unten rechts)

VIII Funkbetrieb

Kombianlagen

fahrtspolizeiverordnungen entsprechen. Alle verwendeten Funkanlagen müssen von der zuständigen Verwaltung notifiziert und damit zugelassen sein. Ferner ist die europäische Richtlinie über Funkanlagen und Telekommunikationsendeinrichtungen (99/5/EG) einzuhalten. Die Binnenfunkanlagen müssen auf den in den Verkehrskreisen „Schiff–Schiff", „Nautische Information" und „Funkverkehr an Bord" verwendeten Kanälen die Leistung automatisch auf **maximal 1 Watt** reduzieren. Erkennbar sind diese Anlagen an einem Zulassungszeichen und an der Konformitätserklärung.

Tragbare Binnenfunkanlagen mit ATIS-Kennung können grundsätzlich im Binnenschifffahrtsfunk verwendet werden, sind aber auf Kleinfahrzeugen, wie z. B. Sportbooten, in Deutschland verboten!

3 VHF-Kanäle

Im VHF-Bereich wird die elektromagnetische Energie von der Antenne geradlinig nach allen Richtungen abgestrahlt. Das Wetter oder die Tageszeit spielen dabei aufgrund des verwendeten Frequenzbereiches keine entscheidende Rolle. Man spricht auch von einer **quasioptischen Ausbreitung**. Digitale Modulation wird in etwa doppelt so weit wie analoge Modulation abgestrahlt, wenn sie nicht auf ein Hindernis wie z. B. ein Metallgebäude trifft. In diesem Fall würde alles, was hinter dem Gebäude ist, im Abstrahlungsschatten liegen.

Dem See- und Binnenschifffahrtsfunk wurde international der Bereich von **156 MHz bis 174 MHz** zugeteilt. Zu Beginn wurde dieser Bereich in die Kanäle 1 bis 28 unterteilt. Der Abstand von Kanal zu Kanal betrug 50 kHz. Später, als die technischen Möglichkeiten es zuließen, wurde dieser Abstand halbiert.

Damit nicht weltweit die Kanalbezeichnungen auf den bereits vorhandenen alten Geräten umgeändert werden mussten, wurden den neu entstandenen Kanälen die Kanalbezeichnungen 60–88 zugeordnet. Es stehen nunmehr 57 Kanäle zur Verfügung. Frequenzmäßig liegen jetzt die Kanäle 25 kHz auseinander und beginnen mit Kanal 60. Dann folgt Kanal 1, dann Kanal 61, dann Kanal 2 usw. Zwischen die bereits vorhanden Kanäle 1–28 wurde jeweils immer ein Kanal gelegt.

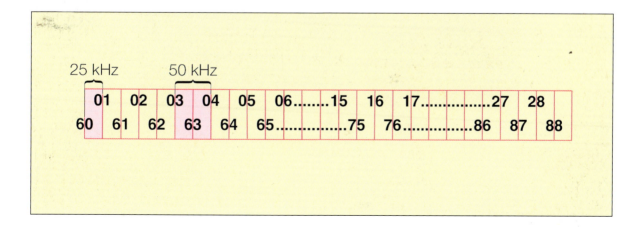

Verwendet werden sowohl Simplex- als auch Dupexkanäle. Hinter einem **Simplexkanal** verbirgt sich zum Senden und Empfangen nur eine einzige Frequenz. Bei Kanal 10 ist dies z. B. 156,500 MHz (siehe auch Anhang 7). Das ist der Grund, warum man ein sendendes Schiff nicht unterbrechen kann. Solange das Schiff auf der Frequenz etwas aussendet, kann es nicht gleichzeitig hören. Nach dem Senden ist die Sprechtaste loszulassen, damit etwas empfangen werden kann.

Hinter **Duplexkanälen** verbergen sich zwei verschiedene Frequenzen, eine zum Senden und eine andere zum Empfangen. Bei Wahl des Kanals 28 z. B. schaltet man automatisch den Sender der Funkanlage auf 157,400 MHz und den Empfänger auf 162,000 MHz. Jetzt kann man auf der einen Frequenz senden und gleichzeitig auf der anderen Frequenz empfangen. Voraussetzung hierfür ist, dass die Binnenfunkanlage eine Vollduplex-Anlage ist. Weit verbreitet sind, aufgrund der geringeren Kosten, so genannte **Semi-Duplex-Anlagen**. Bei diesen ist der Kanal 28 auch mit zwei Frequenzen belegt, aus technischen Gründen kann man aber jeweils nur eine der beiden Frequenzen benutzen. Praktisch bedeutet das, nach dem Senden die Sprechtaste am Hörer oder Mikrofon loszulassen, dann erst kann man wieder etwas empfangen.

Kombigerät See-/Binnenfunk: Einstellung für Binnenfunk

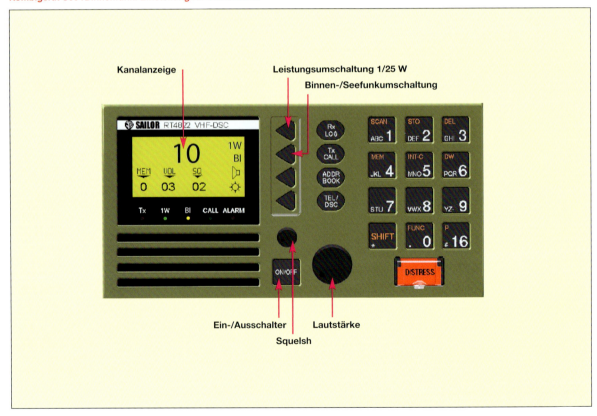

IX Betriebsverfahren

Für den Binnenschifffahrtsfunk ist eine bestimmte **Reihenfolge des Funkverkehrs** nach Wichtigkeit festgelegt:

- » Notverkehr
- » Dringlichkeitsverkehr
- » Sicherheitsverkehr
- » Routineverkehr

Diese Reihenfolge bedeutet, dass Notverkehr Vorrang vor jedem anderen Funkverkehr hat. Findet kein Notverkehr statt, so hat der Dringlichkeitsverkehr die höchste Priorität. Sicherheitsverkehr hat Vorrang vor den Routinegesprächen. Es darf kein höher eingestufter Funkverkehr in irgendeiner Art gestört werden. Um dies sicherzustellen, muss die Regel

ERST HÖREN – DANN SENDEN!

konsequent angewendet werden. Das heißt konkret: Soll auf einem VHF-Kanal etwas ausgesendet werden, muss man sich zuvor unter **Zuhilfenahme der Rauschsperre** (Squelch) vergewissern, dass der Kanal auch wirklich frei ist. Insbesondere bei Duplexkanälen gibt es keine andere Möglichkeit, das festzustellen.

Schlüsselwörter der einzelnen Betriebsverfahren sind: Mayday (mähdeh), Pan Pan, Securite (ßeküriteh), Prudence (prüdanß), Silence (ßilaanß) fini, Silence detresse (ßilaanß dehtreß). Die der französischen Sprache entstammenden Begriffe werden französisch ausgesprochen.

1 Notverkehr

Ein Notfall liegt vor, wenn ein **Schiff und/oder eine Person** von **ernster und unmittelbarer Gefahr** bedroht werden und dringend fremde Hilfe zur Klärung der Situation benötigt wird. Es bietet sich an, vorzugsweise die Funkstellen im Verkehrskreis „Nautische Information" – also die Revierzentralen – um Hilfe und Einleitung von Rettungsmaßnahmen zu bitten. Es kann aber auch sinnvoll sein, andere Schiffe auf dem Kanal 10 anzusprechen. Wofür man sich entscheidet, hängt im Wesentlichen von der jeweiligen Situation ab. Theoretisch darf in jedem Verkehrskreis um Hilfe gebeten werden. Das Notzeichen darf aber nur auf Anweisung des Schiffsführers ausgesendet werden.

Der Notverkehr besteht aus mehreren Phasen:

- » Notanruf
- » Notmeldung
- » Bestätigung des empfangenen Notrufs
- » weiterer Notverkehr
- » Beendigung des Notverkehrs

Zur Einleitung eines Notverkehrs wird international das Notzeichen **Mayday** (gesprochen: mähdeh) verwendet. Ein Notanruf und die folgende Meldung ist in der Regel an alle Schiffsfunkstellen gerichtet. Deshalb braucht nach Nennung des Notzeichens auch nicht hinzugefügt werden, an wen man sich richtet.

Die Segelyacht Meta/DM 2312 ruft auf Kanal 10 um Hilfe. Sie hat Feuer an Bord, das nicht unter Kontrolle zu bekommen ist. Der Notverkehr wird mit dem Notanruf eingeleitet.

Der Notanruf:

- 3 x das Notzeichen (Mayday)
- hier ist
- 3 x der Name des in Not befindlichen Schiffes/
  1 x das Rufzeichen des in Not befindlichen Schiffes

Beispiel:
- Mayday   Mayday   Mayday
- hier ist
- Segelyacht Meta   Meta   Meta/DM 2312

Gleich darauf folgt die Notmeldung. Bei der Notmeldung ist es notwendig, eine bestimmte Reihenfolge der zu übermittelnden Informationen einzuhalten, um einen reibungslosen Ablauf zu gewährleisten.

Die Notmeldung:

- 1 x das Notzeichen (Mayday)
- 1 x der Name des in Not befindlichen Schiffes/
  1 x das Rufzeichen des in Not befindlichen Schiffes
- die Position des in Not geratenen Schiffes
- die Art des Unfalls
- Art der erbetenen Hilfe

Beispiel:
- Mayday
- Segelyacht Meta/DM 2312
- zu Tal bei Rheinkilometer 321
- haben Feuer an Bord, das nicht unter Kontrolle zu bekommen ist, wir müssen das Schiff verlassen
- benötigen dringend Rettungsboote
- Bitte kommen

Hierauf folgt von Schiffs- bzw. Landfunkstellen eine Bestätigung, den Notanruf und die Notmeldung erhalten zu haben.

Die Bestätigung der Notmeldung:

- 1 x das Notzeichen (Mayday)
- 3 x der Name des in Not befindlichen Schiffes/
  1 x das Rufzeichen des in Not befindlichen Schiffes
- hier ist
- 3 x die eigene Kennung (bei Schiffen gefolgt von 1 x dem Rufzeichen)
- erhalten Mayday

Beispiel:
• Mayday
• Segelyacht Meta   Meta   Meta/DM 2312
• hier ist
• Motorboot Jochen   Jochen   Jochen/DM 4150
• erhalten Mayday

Die Schiffsfunkstelle wird daraufhin unter Umständen eine Weiterverbreitung der Notmeldung an eine Revierzentrale veranlassen und Rettungsmaßnahmen einleiten.

Die Weiterverbreitung:

- 3 x das Notzeichen mit dem Zusatz Relay für die Weiterverbreitung (Mayday Relay)
- 3 x an alle Funkstellen oder 3 x an ortsfeste Funkstelle
- hier ist
- 3 x der eigene Name/1 x das eigene Rufzeichen
- Wiederholung der Notmeldung
- zu ergreifende Maßnahmen

Beispiel:
• Mayday Relay   Mayday Relay   Mayday Relay
• an alle Funkstellen   an alle Funkstellen   an alle Funkstellen
• hier ist
• Motorboot Jochen   Jochen   Jochen   /   DM 4150
• folgende Notmeldung auf Kanal 10 erhalten:
• Mayday Segelyacht Meta/DM 2312, zu Tal bei Rheinkilometer 321, Feuer an Bord, verlassen das Schiff
• Over

Nach Erhalt der Notmeldung wird die Revierzentrale alle erforderlichen Maßnahmen zur Rettung einleiten. Um die umliegende Schiffahrt vom Notfall in Kenntnis zu setzen, wird die Revierzentrale zunächst eine Weiterverbreitung über ihren normalen Arbeitskanal vornehmen.

Beispiel:
- Mayday Relay   Mayday Relay   Mayday Relay
- an alle Funkstellen   an alle Funkstellen   an alle Funkstellen
- hier ist
- Oberwesel Revierzentrale   Oberwesel Revierzentrale   Oberwesel Revierzentrale
- folgendes Relay von Motorboot Jochen/DM 4150 erhalten:
- Mayday Segelyacht Meta/DM 2312, zu Tal bei Rheinkilometer 321, Feuer an Bord, verlassen das Schiff
- Rettungskreuzer ist ausgelaufen, Schiffe in der näheren Umgebung werden gebeten scharf Ausschau zu halten

Das Tankmotorschiff Oskar/DC 2253 hat den Notruf gehört, ist in der Nähe und kann die Personen an Bord nehmen.

Weiterer Notverkehr:

- 1 x das Notzeichen
- 3 x der Name des in Not befindlichen Schiffes/
  1 x das Rufzeichen des in Not befindlichen Schiffes
- hier ist
- 3 x der eigene Name
- 1 x das eigene Rufzeichen
- Meldung

Beispiel:
- Mayday
- Segelyacht Meta   Meta   Meta/DM 2312
- hier ist
- Tankmotorschiff Oskar   Oskar   Oskar/DC 2253
- wir sind 2 Kilometer stromab, laufen auf Sie zu, ETA 17:00

Sollte es im Verlauf eines Notfalls zu Störungen durch andere Funkstellen kommen, so wird die leitende (oder eine andere) Funkstelle diese zur Ruhe mahnen. Wenn zum Beispiel während eines Notfalls die Funkstelle Charly/DA 4417 stört, wird diese zur Ruhe gebeten. Das soll so kurz wie möglich geschehen, um nicht auch noch den Notverkehr zu stören oder zu verzögern.

**Ruhe gebieten – durch die Funkstelle in Not
oder die Funkstelle, die den Notverkehr leitet:**

- Name oder Rufzeichen der störenden Funkstelle (wenn nicht bekannt, an alle Funkstellen)
- Silence Mayday (ßilaanß mähdeh)

Beispiel:
- Charly
- Silence Mayday

Beispiel:
- An alle Funkstellen
- Silence Mayday

Ruhe gebieten – durch eine andere Funkstelle:

- Name oder Rufzeichen der störenden Funkstelle (wenn nicht bekannt, an alle Funkstellen)
- Silence detresse (ßilaanß dehtreß)
- eigene Kennung

Beispiel:
- Charly
- Silence detresse
- Anja

Beispiel:
- An alle Funkstellen
- Silence detresse
- Anja

Sollte ein Notfall so weit behoben (aber nicht beendet) sein, dass ein eingeschränkter Funkverkehr zugelassen werden kann, kündigt im Normalfall die koordinierende Funkstelle dies wie folgt an.

Funkstille eingeschränkt aufheben:

- 1 x das Notzeichen
- 3 x an alle Funkstellen
- hier ist
- 3 x der eigene Name/1 x Rufzeichen ODER 3 x Name der Revierfunkstelle
- Uhrzeit
- Kennung des in Not befindlichen Schiffes
- Prudence (prüdaanß)

Beispiel:
- Mayday
- an alle Funkstellen   an alle Funkstellen   an alle Funkstellen
- hier ist
- Oberwesel Revierzentrale   Oberwesel Revierzentrale   Oberwesel Revierzentrale
- um 15 Uhr 30
- Meta/DM 2312
- Prudence

Wenn der Notfall beendet ist, wird er von der leitenden Funkstelle oder von der Funkstelle in Not (in diesem Fall die Revierzentrale) mit den Schlüsselwörtern „Silence fini" aufgehoben.

Beenden eines Notfalls:

- 1 x das Notzeichen (Mayday)
- 3 x an alle Funkstellen
- hier ist
- 3 x der eigene Name/1 x Rufzeichen ODER 3 x Name der Revierfunkstelle
- Uhrzeit (wann der Notfall beendet ist)
- 1 x Name/Rufzeichen des in Not gewesenen Schiffes
- Silence fini (gesprochen: ßilaanß fini)

Beispiel:
- Mayday
- an alle Funkstellen   an alle Funkstellen   an alle Funkstellen
- hier ist
- Oberwesel Revierzentrale   Oberwesel Revierzentrale   Oberwesel Revierzentrale
- um 19 Uhr 30
- Segelyacht Meta/DM 2312
- Silence fini

2 Dringlichkeitsverkehr

Ein Dringlichkeitsfall liegt dann vor, wenn sich **Mensch oder Schiff in Gefahr** befinden. Der Dringlichkeitsverkehr hat Vorrang vor jedem anderen Verkehr, außer dem Notverkehr! Das Dringlichkeitszeichen ist **Pan Pan** und kündigt an, dass die sendende Funkstelle eine sehr dringende Meldung zu senden hat, die die Sicherheit der Besatzung oder des Schiffes selbst betrifft. Dies können Schäden am Schiff sein, die nicht zu einer unmittelbaren Gefahr führen, oder Verletzungen von Besatzungsmitgliedern, die keine unmittelbare Lebensgefahr bedeuten. Ein Dringlichkeitsfall kann an eine bestimmte oder an alle Funkstellen gerichtet sein. Deswegen muss – im Unterschied zum Notanruf – zwingend gesagt werden, an wen man sich wenden möchte. Das Dringlichkeitszeichen Pan Pan darf nur auf Anweisung des Schiffsführers ausgesendet werden.

Der Dringlichkeitsverkehr wird wie folgt abgewickelt:

- Dringlichkeitsanruf
- Dringlichkeitsmeldung
- weiterer Dringlichkeitsverkehr
- Beendigung des Dringlichkeitsfalles

Das Tankmotorschiff Andy/DC 7619 ruft auf Kanal 22 die Oberwesel Revierzentrale. Es gab an Bord einen Arbeitsunfall. (Verkehrskreis „Nautische Information")

Der Dringlichkeitsanruf:

- 3 x das Dringlichkeitszeichen
- 3 x Name der zu rufenden Funkstelle oder 3 x alle Schiffsfunkstellen
- hier ist
- 3 x der Name des Schiffes/1 x das Rufzeichen
- Meldung (Wo ist was passiert?)

Beispiel:
- Pan Pan   Pan Pan   Pan Pan
- Oberwesel Revierzentrale   Oberwesel Revierzentrale   Oberwesel Revierzentrale
- hier ist
- Tankmotorschiff Andy   Andy   Andy/DC 7619
- 800 m unterhalb der Schleuse Kostheim, der Koch hatte einen Arbeitsunfall, Blutung ist gestoppt, benötigen dringend ärztliche Hilfe

Die Antwort auf den Dringlichkeitsanruf:

- 3 x Name des Schiffes, das den Dringlichkeitsfall hat/1 x Rufzeichen
- hier ist
- 3 x der eigene Name/1 x Rufzeichen ODER 3 x Name der Revierfunkstelle
- Meldung

Beispiel:
- Tankmotorschiff Andy   Andy   Andy/DC 7619
- hier ist
- Oberwesel Revierzentrale   Oberwesel Revierzentrale   Oberwesel Revierzentrale
- haben Ihre Meldung erhalten und den Krankenwagen verständigt, bleiben Sie auf Empfang, wir teilen Ihnen noch mit, wo der Krankenwagen eintreffen wird

Der weitere Funkverkehr wird nicht mehr mit dem Dringlichkeitszeichen eingeleitet.

Weiterer Dringlichkeitsverkehr:

- 1 x Name der zu rufenden Funkstelle/1 x Rufzeichen
- hier ist
- 1 x der eigener Name/1 x das eigene Rufzeichen
- Meldung

Beispiel:
- Oberwesel Revierzentrale
- hier ist
- Tankmotorschiff Andy/DC 7619
- habe verstanden, bleibe auf Empfang

Eine von vornherein nur an eine Funkstelle gerichtete Dringlichkeitsmeldung braucht nicht aufgehoben zu werden.

Dem Passagierschiff Angelika/DA 4179 sind die Maschinen ausgefallen, es treibt manövrierunfähig im Rhein und weiß, dass Schlepper Alex in der Nähe ist. (Verkehrskreis „Schiff–Schiff")

Der Dringlichkeitsanruf und die Dringlichkeitsmeldung:

- 3 x das Dringlichkeitszeichen
- 3 x an alle Schiffsfunkstellen
- hier ist
- 3 x der eigene Name/1 x Rufzeichen
- Meldung

Beispiel:
- Pan Pan   Pan Pan   Pan Pan
- an alle Schiffsfunkstellen   an alle Schiffsfunkstellen   an alle Schiffsfunkstellen
- hier ist
- Passagierschiff Angelika   Angelika   Angelika/DA 4179
- sind bei Rheinkilometer 480, Maschinen ausgefallen, brauchen dringend Schlepperhilfe

Die Antwort auf den Dringlichkeitsanruf:

- 3 x der Name der gerufenen Funkstelle/1 x Rufzeichen
- hier ist
- 3 x der eigener Name/1 x das eigene Rufzeichen
- Meldung

Beispiel:
- Passagierschiff   Angelika   Angelika   Angelika/DA 4179
- hier ist
- Schlepper Alex   Alex   Alex/DA 4812
- haben verstanden und sind in Kürze bei Ihnen

Nachdem der Schlepper das Schiff Angelika abgeschleppt hat, muss die vorher an alle Schiffsfunkstellen ausgesendete Dringlichkeitsmeldung aufgehoben werden. Dies kann nach Absprache der beiden Schiffe auch vom Schlepper Alex aus erfolgen:

Die Beendigung (Aufhebung) des Dringlichkeitsfalls:

- 3 x Dringlichkeitszeichen
- 3 x an alle Funkstellen
- hier ist
- 3 x der eigene Name/1 x das eigene Rufzeichen
- Uhrzeit

- 1 x Name/1 x Rufzeichen des Schiffes mit dem Dringlichkeitsfall
- Beendigung

Beispiel:
- Pan Pan   Pan Pan   Pan Pan
- an alle Funkstellen   an alle Funkstellen   an alle Funkstellen
- hier ist
- Schlepper Alex   Alex   Alex/DA 4812
- um 11 Uhr 30
- Passagierschiff Angelika/DA 4179
- Dringlichkeitsfall aufgehoben

3 Sicherheitsverkehr

Das Sicherheitszeichen Securite kündigt an, dass eine **wichtige nautische Warnnachricht** oder eine **wichtige Wetterwarnung** ausgesendet werden soll. Der Sicherheitsverkehr hat Vorrang vor jedem anderen Funkverkehr, nicht jedoch vor Not- oder Dringlichkeitsverkehr. Normalerweise werden Sicherheitsmeldungen von Revierzentralen auf ihren Arbeitskanälen ausgesendet. Aber auch Schiffe haben die Möglichkeit, im Verkehrskreis „Schiff–Schiff" andere Schiffe vor drohenden Gefahren wie schwimmenden Baumstämmen oder Containern zu warnen. Zusätzlich sollte in diesen Fällen aber auch noch eine Revierzentrale über die Situation benachrichtigt werden, damit diese dann die entsprechende Meldung zu bestimmten Zeiten auf ihrem Arbeitskanal verbreiten kann.

Der Sicherheitsverkehr wird wie folgt abgewickelt:

- Sicherheitsanruf
- Sicherheitsmeldung
- weiterer Sicherheitsverkehr
- Beendigung des Sicherheitsfalles

Die Motoryacht Christin/DA 5131 hat treibende Baumstämme gesichtet und ruft deshalb auf Kanal 10 zunächst die anderen Schiffe an, um sie zu warnen. (Verkehrskreis „Schiff–Schiff")

Der Sicherheitsanruf:

- 3 x das Sicherheitszeichen
- 3 x an alle Schiffsfunkstellen oder die zu rufende Funkstelle
- hier ist
- 3 x der eigene Name/1 x das eigene Rufzeichen
- Meldung

Beispiel: 〔Kanal 10〕
- Securite   Securite   Securite
- an alle Schiffsfunkstellen   an alle Schiffsfunkstellen   an alle Schiffsfunkstellen
- hier ist
- Motoryacht Christin   Christin   Christin/DA 5131
- habe im Fahrwasser ungefähr 500 m unterhalb der Schleuse Geesthacht treibende Baumstämme gesichtet, Gefahr für die Schifffahrt, over

Nun wird noch die zuständige Revierzentrale auf ihrem Arbeitskanal über die Situation informiert:

Beispiel: 〔Kanal 79〕
- Securite   Securite   Securite
- Magdeburg Revierzentrale   Magdeburg Revierzentrale   Magdeburg Revierzentrale
- hier ist
- Motoryacht Christin   Christin   Christin/DA 5131
- habe im Fahrwasser ungefähr 500 m unterhalb der Schleuse Geesthacht treibende Baumstämme gesichtet, Gefahr für die Schifffahrt, over

Die Antwort auf den Sicherheitsanruf:

- 3 x der Name der gerufenen Funkstelle/1 x das Rufzeichen
- hier ist
- 3 x der eigene Name
- Meldung

Beispiel: 〔Kanal 79〕
- Motoryacht Christin   Christin   Christin/DA 5131
- hier ist
- Magdeburg Revierzentrale   Magdeburg Revierzentrale   Magdeburg Revierzentrale
- habe verstanden, werde weitere Maßnahmen veranlassen, over

4 Routineverkehr

Jeder Funkverkehr, der nicht als Not-, Dringlichkeits- oder Sicherheitsfall bezeichnet werden kann, gilt als Routineverkehr. Neben der Kennung des Schiffes sind bei der Abwicklung des Routineverkehrs auch die Fahrtrichtung und der Standort zu nennen. Es werden nur **zwei Phasen** unterschieden:

- Routineanruf
- weiterer Routineverkehr

Die Segelyacht Becki/DA 4399 möchte etwas Privates mit der Motoryacht Christin/DA 5131 besprechen und darf nur den Anruf auf Kanal 10 tätigen und einen von zwei hierfür zugelassenen Kanälen als Arbeitskanal vorschlagen (72 oder 77, Verkehrskreis „Schiff–Schiff").

- 3 x der Name der gerufenen Funkstelle/1 x das Rufzeichen der gerufenen Funkstelle
- hier ist
- 3 x der eigene Name/1 x das eigene Rufzeichen
- Meldung

Beispiel:
- Motoryacht Christin   Christin   Christin/DA 5131
- hier ist
- Segelyacht Becki   Becki   Becki/DA 4399
- zu Tal auf dem Rhein bei Kilometer 720, ich möchte etwas mit Ihnen besprechen, bitte auf Kanal 77 schalten

Die Antwort auf den Routineanruf auf Kanal 10:

- 3 x der Name der gerufenen Funkstelle/1 x Rufzeichen
- hier ist
- 3 x der eigene Name/1 x das eigene Rufzeichen
- Meldung

Beispiel:
- Segelyacht Becki   Becki   Becki/DA 4399
- hier ist
- Motoryacht Christin   Christin   Christin/DA 5131
- zu Tal bei Rheinkilometer 733, habe verstanden und schalte auf Kanal 77

Nach dem Umschalten auf Kanal 77 meldet sich die Segelyacht Becki/DA 4399 bei der Motoryacht Christin/DA 5131 wie folgt:

- 1 x der Name der gerufenen Funkstelle/1 x das Rufzeichen
- hier ist
- 1 x der eigene Name/1 x das eigene Rufzeichen
- Meldung

Beispiel:
- Motoryacht Christin/DA 5131
- hier ist
- Segelyacht Becki/DA 4399
- wie hören Sie mich?

Das Containerschiff Tommy/DM 3881 möchte im Duisburger Hafen seine Ladung löschen und ruft deshalb auf Kanal 14 den Hafen. (Verkehrskreis „Schiff–Hafenbehörde")

Der Anruf an eine Hafenbehörde:

- 3 x der Name der gerufenen Funkstelle
- hier ist
- 3 x der eigene Name/1 x das eigene Rufzeichen
- Meldung

Beispiel:
- Duisburg Hafen   Duisburg Hafen   Duisburg Hafen*
- hier ist
- Containerschiff Tommy   Tommy   Tommy/DM 3881
- wir laufen in den Hafen ein und bitten um die Erlaubnis, am Kai D festmachen zu können, um unsere Ladung zu löschen

* Maximal 3 x, bei guter Verständigung 1 x

Die Antwort vom Duisburger Hafen:

- 1 x der Name der gerufenen Funkstelle/1 x Rufzeichen
- hier ist
- 1 x der eigene Name
- Meldung

Beispiel:
- Containerschiff Tommy/DM 3881
- hier ist
- Duisburg Hafen
- haben verstanden, der Kai D ist frei, Sie können anlegen

Das Gütermotorschiff Egon/DA 4250 fährt im Bereich der Hohnsdorfer Brücke bei schlechter Sicht und Radarfahrt zu Tal. Es will feststellen, ob mit Entgegenkommen zu rechnen ist. (Verkehrskreis „Schiff–Schiff")

Der Anruf auf Kanal 10:

Beispiel:
- An alle Schiffsfunkstellen   an alle Schiffsfunkstellen   an alle Schiffsfunkstellen
- hier ist
- Gütermotorschiff Egon   Egon   Egon/DA 4250
- 500 Meter oberhalb der Hohnsdorfer Brücke zu Tal, gibt es Bergfahrer unterhalb der Brücke?
- Bitte kommen

Die Antwort der Motoryacht Tabitha/DC 2607 auf Kanal 10:

- Gütermotorschiff Egon   Egon   Egon/DA 4250
- hier ist
- Motoryacht Tabitha   Tabitha   Tabitha/DC 2607
- zu Berg etwa 200 Meter unterhalb der Hohnsdorfer Brücke, normale Bewegung
- Bitte kommen

Egon antwortet auf Kanal 10:

- Motoryacht Tabitha/DC2607
- hier ist
- Gütermotorschiff Egon/DA4250
- habe verstanden, normale Bewegung
- Ende

Beispiel:
- 3 x an alle Schiffsfunkstellen
- hier ist
- 3 x Egon/DA4250, dies ist ein Test

5   Testsendungen

Testsendungen sind grundsätzlich erlaubt, dürfen aber die Dauer von **10 Sekunden** nicht überschreiten. Neben dem Anruf an die entsprechende Funkstelle und der Angabe der eigenen Kennung muss **das Wort Test** klar und deutlich übertragen werden. Eine Testsendung ist u. U. zum Prüfen der Batterie notwendig (siehe auch Abschnitt X.4 „Batterien").

6 Teilnahme von Seefunkstellen am Binnenschifffahrtsfunk

Seefunkstellen dürfen **prinzipiell nicht** am Binnenschifffahrtsfunk **teilnehmen**, da Seefunkanlagen kein ATIS aussenden können und diese Anlagen auf bestimmten Kanälen die Leistung nicht, wie im Binnenschifffahrtsfunk gefordert, automatisch auf 1 Watt reduzieren. Wird die Teilnahme dennoch als notwendig erachtet, muss eine zusätzliche Binnenfunkanlage oder eine Kombianlage, umschaltbar von See- auf Binnenfunk, gefahren werden. Die BNetzA, Außenstelle Hamburg, teilt dann der Seefunkstelle auf Antrag eine entsprechende ATIS-Nummer zu, die programmiert werden muss. Das bisherige Seefunkrufzeichen wird im Binnenschifffahrtsfunk weiter verwendet.

Der Funkverkehr im Binnenschifffahrtsfunk darf selbstverständlich nur von Inhabern entsprechender Binnenfunkzeugnisse ausgeübt werden.

7 Teilnahme von Schiffsfunkstellen am Seefunk

Binnenschifffahrtsfunkstellen dürfen am Seefunk **in den Zonen der Wasserstraßen 1–3 teilnehmen** (siehe auch Anhang 4). Hierbei kann es aber zu Schwierigkeiten kommen, da die Binnenfunkanlagen auf bestimmten, für den Seefunk wichtigen Kanälen automatisch auf 1 Watt reduzieren. Es gelten die Sprechfunkverfahren des Seefunks. Anrufe an andere Schiffe dürfen zurzeit noch auf VHF-Kanal 16 vorgenommen werden. Fährt das Schiff über die Zone 3 hinaus, so ist es sinnvoll – und teilweise auch vorgeschrieben –, sich zusätzlich mit einer DSC-VHF-Seefunkanlage auszurüsten. Dies kann eine zugelassene Erweiterung der vorhandenen Anlage, der Neueinbau einer GMDSS-Funkanlage oder die Verwendung einer Kombianlage sein. Um diese Funkanlage dann bedienen zu können, bedarf es eines GMDSS-konformen Betriebszeugnisses für Funker, z. B. des „Beschränkt Gültigen Funkbetriebszeugnisses" (Short Range Certificate, SRC).

X Technik

1 Frequenzen, Schwingungen

Im VHF-Binnenfunkbereich arbeiten wir mit sehr hohen Schwingungen (Frequenzen) im Bereich von 156 MHz bis 174 MHz. Eine Schwingung mit einer bestimmten Amplitude (Höhe) in einer Sekunde ist definiert als 1 Hertz (Hz). Somit sind dann höherfrequente Schwingungen pro Sekunde:

```
1 kHz =         1 000 Hz    (Kilohertz)
1 MHz =     1 000 000 Hz    (Megahertz)
1 GHz = 1 000 000 000 Hz    (Gigahertz)
```

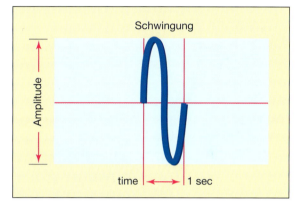

Diese Frequenzen werden auch **Trägerfrequenzen** genannt, weil sie von unserer Sprache, die wir übertragen wollen, beeinflusst (moduliert) werden und diese dann an das Ziel (Empfänger) „tragen".

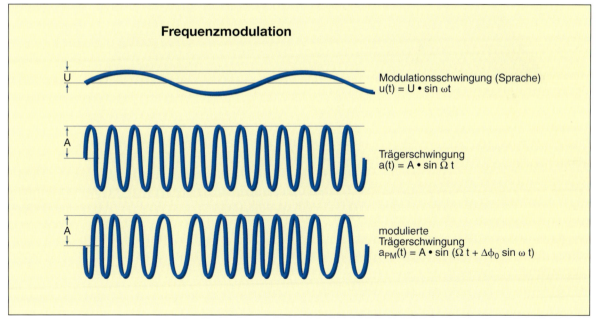

2 Antennen, Ausbreitung

Antennen sind notwendig, um unsere mit Sprache oder Daten modulierte (beeinflusste) Hochfrequenz auszusenden, um damit eine möglichst große Reichweite zu erzielen. Die Ultrakurzwellen breiten sich, wie im Bild beispielhaft dargestellt, von der Antenne geradlinig in alle Richtungen aus. Sie breiten sich **quasioptisch** aus. Das bedeutet, dass die abgestrahlten Funkwellen nicht der Erdkrümmung folgen, sondern über den Horizont hinaus in den Weltraum abgestrahlt werden. Die Funkwellen können nur bis etwa zum Horizont, maximal 25 sm, empfangen werden. Die **Reichweite** im VHF-Bereich hängt entscheidend von der **Antennenhöhe** ab. Je höher die Antenne, desto größer die Reichweite.

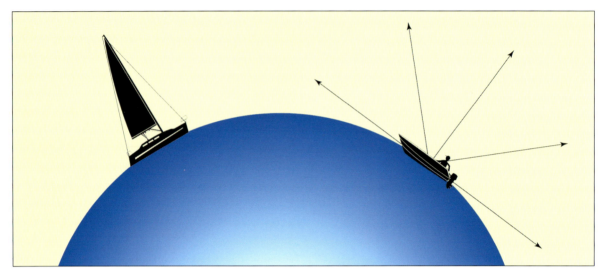

Ausbreitung der Ultrakurzwellen

Die Antenne soll so hoch wie möglich und frei von metallischen Gegenständen angebracht werden, um eine gute Abstrahlung zu gewährleisten. Je höher die Antenne installiert ist, desto weiter können ihre Funkwellen empfangen werden. Die Berührung einer sendenden Antenne kann sehr unangenehme Folgen wie Verbrennungen mit sich führen. Deswegen muss diese möglichst **berührungssicher** angebracht sein. Eine Antenne wird mittels **Koaxialkabels** an das Funkgerät angeschlossen. Das Antennenkabel sollte in einem Stück und knicksicher verlegt werden, damit kein Wasser eindringen und das Kabel selbst nicht durchscheuern kann. Ein **beschädigtes Antennenkabel** sollte **sofort durch ein neues ersetzt** werden, weil sonst die Gefahr besteht, dass das Funkgerät durch rücklaufende Wellen zerstört wird. Ein Indiz für eine defekte Antenne kann ein starkes Rauschen oder unregelmäßiges Knacken auf den Kanälen sein.

Eine Antenne muss grundsätzlich an die abzustrahlende Wellenlänge angepasst werden. Die Wellenlänge wird mit Lambda bezeichnet und stellt eine Periode der abzustrahlenden Frequenz dar. Optimal ist eine Antenne, die genauso groß ist wie die Wellenlänge. Bei UKW-Frequenzen ist das etwa eine Länge von 2 Metern (Lambda-Antenne) bzw. 1 Meter (Lambda/2-Antenne). Der Wellenlängenunterschied bei UKW-Seefunkfrequenzen von der kleinsten bis zur größten abzustrahlenden

Frequenz ist nicht sehr groß. Daher können wir bei UKW mit einer festen Antennenlänge arbeiten, ohne diese anpassen zu müssen.

3 Strom, Spannung, Widerstand, Leistung

Zum Betreiben einer Funkanlage wird elektrische Energie benötigt. Es bestehen zwei Möglichkeiten, eine Funkanlage mit **Spannung** zu versorgen:

1. Bordnetz (220 V)
2. Batterie (12 V)

Antenne einer ortsfesten Funkstelle

Die Spannung kann mittels eines Voltmeters gemessen werden, der durch den Widerstand hindurchfließende **Strom** mit einem Amperemeter. Mit sogenannten **Vielfachmessinstrumenten** kann man die Spannung (in Volt), die Stromstärke (in Ampere), den Widerstand (in Ω) und die Leistung (in Watt) messen. In der Bedienungsanleitung des Funkgerätes ist angegeben, wie viel Strom sowohl beim Empfang als auch beim Senden durch das Funkgerät fließt. Der höhere Wert gibt den Strombedarf bei Sendebetrieb, der niedrigere die Stromaufnahme beim Empfang an.

Für eine **Sendeleistung** von 1 Watt wird wesentlich weniger Strom benötigt als für die volle Leistung von 25 Watt. Um wertvolle Energie der Speisebatterie zu sparen, ist es manchmal sinnvoll, dies bei der Einstellung der Sendeleistung zu berücksichtigen. Mit 1 Watt über freiem Gelände kommt man weiter, als man zunächst vermuten würde.

Wenn für das Funkgerät eine Versorgungsspannung von 10,8 V bis 14,6 V Gleichspannung vorgeschrieben ist, so darf man es keinesfalls an das 220-V-Bordnetz direkt anschließen. Es gibt geeignete Geräte im Fachhandel, die eine 220-Volt-Wechselspannung in eine 12-Volt-Gleichspannung umwandeln.

4 Batterien

Auf Sportbooten sind Batterien für die Spannungsversorgung von Verbrauchern wie z. B. einer Funkanlage außerordentlich wichtig. Im Allgemeinen wird ein **Bordnetz mit 12 Volt oder 24 Volt** verwendet.
Es gibt verschiedene Bauarten von Batterien, etwa Bleiakkus, Nickel-Cadmium-Batterien oder Nickel-Eisen-Batterien. Die Grundfunktion der Spannungserzeugung ist prinzipiell aber bei allen Bauarten gleich. Es stehen sich in einer Zelle zwei Platten gegenüber, zwischen denen ein Potentialgefälle existiert, eben eine Spannung. Eine 12-Volt-Batterie besteht zumeist aus miteinander verbundenen, abgeschlossenen Einzelzellen mit einer jeweiligen Spannung von 2 Volt.

Der Stromverbrauch einer Funkanlage hat erheblichen Einfluss auf die **Kapazität einer Batterie**. Binnenfunkanlagen können unsere zu übertragenden Nachrichten sowohl mit 25 Watt als auch mit 1 Watt aussenden. Nehmen wir an, dass eine 12-Volt-Batterie auf unserem Schiff zum Betreiben der Funkanlage eingebaut werden soll, so müssen wir die benötigte Batteriekapazität zunächst einmal ungefähr berechnen.
Nach physikalischen Gegebenheiten errechnet sich die **Leistung (P)** aus dem Produkt der Versorgungsspannung (U) und des Stromes (I). Somit ist **P = U x I**. Eine Funkanlage mit der angegebenen Leistung von 25 Watt hat aufgrund von Verlusten des ganzen Systems eine mindestens doppelt so hohe Leistungsaufnahme aus der benötigten Batterie, also 50 Watt. Für den Notfall kalkulieren wir noch eine ununterbrochene Sendezeit von ca. 6 Stunden hinzu. Damit ist die Grundlage zur Berechnung der Kapazität der Batterie gegeben.

50 Watt Leistungsaufnahme bedeutet, dass mindestens I = P / U = 50 Watt / 12 Volt = 4,166 Ampere aus der Batterie fließen. Diese muss, laut obigem Beispiel, mindestens 6 Stunden lang funktionieren. Also wird der errechnete Strom 4,166 Ampere mit der Stundenzahl 6 multipliziert. Das Ergebnis ist 25 Ah. Das ist allerdings nur die Energie für die Funkanlage. Für die Kapazität unserer Batterie nicht mitgerechnet haben wir das Notlicht sowie das Licht für das Schiff und vielleicht noch ein paar andere Verbraucher. Praktisch betrachtet müsste die Kapazität der Batterie mindestens doppelt so groß, also 50 Ah sein, besser noch größer.

Batterien können nur Energie abgeben, wenn sie zuvor auch eine solche aufgenommen haben. Über ein **Ladegerät**, das an die Bordspannung angeschlossen wird, kann man Batterien aufladen, ihnen also Energie zuführen. Der Ladestrom sollte ca. 1/10 der Kapazität der Batterie betragen. Beim Laden von Batterien entsteht das gefährliche **Knallgas**. Deshalb sollte diese an einem gut belüfteten Ort untergebracht sein.
Die Batterie sollte möglichst regelmäßig zwei Prüfungen unterzogen werden. Um den **Ladezustand** der Batterie zu kontrollieren, muss mit einem Säureheber der Ladezustand jeder einzelnen Batteriezelle überprüft werden. Hierzu werden die Schraubenverschlüsse der Zellen aufgedreht und die Säure wird in den Säureheber hineingesaugt. Zeigt der Schwimmer 1,28 g/cm^3 an, so ist die Zelle voll geladen. Bei 1,18 g/cm^3 ist die Zelle entladen.

Ob die Batterie auch unter Belastung tatsächlich die benötigten 12 Volt zur Verfügung stellt, kann nur mit einer **Belastungsprüfung** festgestellt werden. Hierzu wird die Funkanlage auf einen nicht so frequentierten Kanal eingestellt und ein korrekt formulierter Testanruf getätigt. Währenddessen wird das vorher an die Batterieklemmen angeschlossene Voltmeter beobachtet. Die Spannung darf den Wert von 12 Volt nicht unterschreiten. Tut sie dies jedoch, z. B. auf 10 Volt oder darunter, so ist davon auszugehen, dass eine der Zellen der Batterie defekt ist. Im schlimmsten Fall kann die Funkanlage mit der zur Verfügung stehenden Restspannung nicht mehr betrieben werden. Aus Sicherheitsgründen muss die Batterie sofort durch eine neue ersetzt werden.

Anhang 1: Buchstabiertafel

Buchstaben

A =	Alfa	(**AL** FAH)	**N** =	November	(NO **WEMM** BER)
B =	Bravo	(**BRA** WO)	**O** =	Oskar	(**OSS** KAR)
C =	Charly	(**TSCHA** LI)	**P** =	Papa	(PA **PAH**)
D =	Delta	(**DEL** TA)	**Q** =	Quebec	(**KI** BECK)
E =	Echo	(**ECK** O)	**R** =	Romeo	(**RO** MIO)
F =	Foxtrott	(**FOX** TROTT)	**S** =	Sierra	(SSI **ER** RAH)
G =	Golf	(GOLF)	**T** =	Tango	(**TANG** GO)
H =	Hotel	(HO **TELL**)	**U** =	Uniform	(**JU** NI FORM)
I =	India	(**IN** DI AH)	**V** =	Victor	(**WICK** TAH)
J =	Juliett	(**JUH** LI **ETT**)	**W** =	Whiskey	(**WISS** KI)
K =	Kilo	(**KI** LO)	**X** =	X-Ray	(**EX** REH)
L =	Lima	(**LI** MAH)	**Y** =	Yankee	(**JENG** KI)
M =	Mike	(MEIK)	**Z** =	Zulu	(**SUH** LUH)

Zahlen

1	=	UNAONE	(UN NAH WANN)
2	=	BISSOTWO	(BIS SO TUH)
3	=	TERRATHREE	(TER RAH TRIH)
4	=	KARTEFOUR	(KA TE FAU ER)
5	=	PANTAFIVE	(PANN TO FAIF)
6	=	SOXISIX	(SSOCK SSI SSIX)
7	=	SETTESEVEN	(SSET THE SÄWEN)
8	=	OKTOEIGHT	(OCK TO AIT)
9	=	NOVENINER	(NO WEH NAINER)
0	=	NADAZERO	(NA DAH SEH RO)

Zeichen

Komma	=	Decimal	(DEH SSI MAL)
Punkt	=	Stop	(SSTOP)

Die fett gedruckten Silben werden betont. Bei Wörtern ohne Fettdruck wird gleichmäßig betont gesprochen.

Dieses Alphabet wird beim Buchstabieren von schwierigen Wörtern und Eigennamen in Meldungen oder bei Verständigungsschwierigkeiten angewendet.

Anhang 2: Sprechfunktafel
Not, Dringlichkeit, Sicherheit, Routine*

Notanruf	MAYDAY MAYDAY MAYDAY
	hier ist
	Name Name Name/RZ
Notmeldung	Mayday
	Name/RZ
	Text
Weiterleitung Anruf	MAYDAY RELAY MAYDAY RELAY MAYDAY RELAY
	an alle Funkstellen an alle Funkstellen an alle Funkstellen
	hier ist
	Name Name Name/RZ
	Folgendes empfangen
	auf Kanal 10 um 1630 UTC
Notmeldung	MAYDAY
	Name/RZ
	Text
Bestätigung	MAYDAY
	Name Name Name/RZ
	hier ist
	Name Name Name/RZ
	erhalten (RRR) MAYDAY
Ruhe gebieten	Name oder CQ
	Silence MAYDAY
Aufhebung Not	MAYDAY
	CQ CQ CQ
	hier ist
	Name Name Name/RZ
	1830 UTC Name/RZ
	Silence fini

* Schiffstyp wird üblicherweise bei Idenfizierung einmal genannt.

Anhang 2: Sprechfunktafel

MAYDAY   MAYDAY   MAYDAY
hier ist
Unkas   Unkas   Unkas/DGKU

MAYDAY
Unkas/DGKU
bei Rheinkilometer 350 … wir sinken

MAYDAY RELAY   MAYDAY RELAY   MAYDAY RELAY
an alle Funkstellen   an alle Funkstellen   an alle Funkstellen
hier ist
Sioux   Sioux   Sioux/DGKS
Folgendes empfangen
auf Kanal 10 um 1630 UTC

MAYDAY
Unkas/DGKU
benötigen dringend Hilfe

MAYDAY
Unkas   Unkas   Unkas/DGKU
hier ist
Alexandra   Alexandra   Alexandra/DALE
erhalten MAYDAY

Bremen oder an alle Schiffsfunkstellen
Silence MAYDAY

MAYDAY
an alle Schiffsfunkstellen   an alle Schiffsfunkstellen   an alle Schiffsfunkstellen
hier ist
Dakota   Dakota   Dakota/DAKO
1830 UTC Unkas/DGKU
Silence fini

Anhang 2: Sprechfunktafel

Dringlichkeitsanruf	PAN PAN PAN PAN PAN PAN
	CQ CQ CQ
	hier ist
	Name Name Name/RZ
Dringlichkeitsmeldung	Position, Nachricht
Aufhebung Dringlichkeit	PAN PAN PAN PAN PAN PAN
	CQ CQ CQ
	hier ist
	Name Name Name/RZ
	Text

Sicherheitsanruf	SECURITE SECURITE SECURITE
	CQ CQ CQ
	hier ist
	Name Name Name/RZ
Sicherheitsmeldung	Nachricht, over
Aufhebung Sicherheit	SECURITE SECURITE SECURITE
	CQ CQ CQ
	hier ist
	Name Name Name/RZ
	Text

Schiff-Schiff-Anruf	Name Name Name/RZ
	hier ist
	Name Name Name/RZ
	ich habe Infos, bitte den Kanal 77
Schiff-KüFuSt-Anruf	Name Name Name
auf Arbeitskanal	hier ist
	Name Name Name/RZ
	ich habe Informationen, bitte kommen

Anhang 2: Sprechfunktafel

PAN PAN   PAN PAN   PAN PAN
an alle SchiffsFuSt   an alle SchiffsFuSt   an alle SchiffsFuSt
hier ist
Unkas   Unkas   Unkas/DGKU
Position, haben Verletzten an Bord, benötigten Hilfe

PAN PAN   PAN PAN   PAN PAN
an alle FuSt   an alle FuSt   an alle FuSt
hier ist
Unkas   Unkas   Unkas/DGKU
streiche meine Dringlichkeitsmeldung von heute 1730 Uhr

SECURITE   SECURITE   SECURITE
an alle FuSt   an alle FuSt   an alle FuSt
hier ist
Unkas   Unkas   Unkas/DGKU

Position, haben den Container gesichtet, over

SECURITE   SECURITE   SECURITE
an alle FuSt   an alle FuSt   an alle FuSt
hier ist
Unkas   Unkas   Unkas/DGKU
streiche meine Sicherheitsmeldung von heute 1630 Uhr   over

Alex   Alex   Alex/DALE
hier ist
Unkas   Unkas   Unkas/DGKU
ich habe Infos, bitte den Kanal 77

Basel Revierz.   Basel Revierz.   Basel Revierz.
hier ist
Alex   Alex   Alex/DALE
ich habe Informationen, bitte kommen

Anhang 3: Abkürzungen und Begriffsbestimmungen

AIS	Automatic Identification System, Automatisches Schiffsidentifizierungssystem im Seefunk.
Anrufverfahren	Verfahren zur Herstellung von Funkverbindungen.
ATIS	Automatic Transmitter Identification System, Automatisches Senderidentifizierungssystem in der Binnenschifffahrt.
Binnenschifffahrtsfunk	Internationaler VHF- und UHF-Sprechfunkdienst auf Binnenschifffahrtsstraßen. Der Binnenschifffahrtsfunk ermöglicht die Herstellung von Funkverbindungen für bestimmte Zwecke auf vereinbarten Kanälen und nach einem vereinbarten Betriebsverfahren.
Blockkanal	Kanal, der in den Niederlanden und in Belgien von Verkehrsposten und Schiffsfunkstellen für die Übermittlung von Nachrichten über den Schutz von Personen und die Sicherheit der Schifffahrt benutzt wird. Der Blockkanal gilt innerhalb eines bestimmten Gebietes als Funkverbindung gleichzeitig für die Verkehrskreise „Schiff–Schiff" und „Nautische Information".
BNetzA	Bundesnetzagentur für Elektrizität, Gas, Telekommunikation, Post und Eisenbahnen
Caring	Centre d'Alerte Rhénan et d'Informations Nautiques de Gambsheim. Bezeichnung der französischen Notruf- und Informationszentrale in Gambsheim.
Duplex-Betrieb	Gegensprechen. Betriebsart, bei der die Übertragung gleichzeitig in beide Richtungen einer Funkverbindung möglich ist. Wie bei Telefongesprächen kann zur gleichen Zeit gesendet und empfangen werden. Duplex-Betrieb ist nur im Verkehrskreis „Nautische Information" möglich.
DSC	Digital Selective Calling, Digitaler Selektivruf.
Funkanlage	Funkstelle an Bord eines Schiffes, die aus mehreren Funkgeräten bestehen kann.
GMDSS	Global Maritime Distress and Safety System. Weltweites Seenot- und Sicherheitsfunksystem.
IVS	Informatie Verwerkend Systeem. Bezeichnung des niederländischen Melde- und Informationsystems in der Binnenschifffahrt.

MIB	Melde- und Informationssystem in der Binnenschifffahrt. Deutsches, französisches sowie schweizerisches Melde- und Informationssystem in der Binnenschifffahrt.
MMSI	Maritime Mobile Service Identity, Rufnummer des mobilen Seefunkdienstes.
NIF	Nautischer Informationsfunk, der die Aufgaben des Schleusenfunks, der Revierzentralen, der Verkehrsposten und der Blockkanäle umfasst.
Revierzentrale	Zentrale in Deutschland, Frankreich und in der Schweiz, die u. a. Anrufe aus der Schifffahrt entgegennimmt und die Schifffahrt über den Zustand der Wasserstraßen informiert.
Schiffsfunkstelle	Mobile Funkstelle des Binnenschifffahrtsfunks an Bord eines Schiffes, das nicht ständig verankert ist.
Schleusenfunk	Betrieb eines Funkkanals im Verkehrskreis „Nautische Information" zur Regelung des Schiffsverkehrs im Schleusenbereich.
Seefunkdienst	Mobiler Funkdienst zwischen Küstenfunkstellen und Seefunkstellen oder zwischen Seefunkstellen.
Seefunkstelle	Mobile Funkstelle des Seefunkdienstes an Bord eines Schiffes, welches nicht ständig vor Anker liegt.
Semi-Duplex-Betrieb	Wechselsprechen auf zwei verschiedenen Frequenzen. Während der Aussendung der eigenen Schiffsfunkstelle ist der Empfang einer anderen Funkstelle nicht möglich.
Simplex-Betrieb	Wechselsprechen. Betriebsart, bei der die Übertragung abwechselnd auf einer Frequenz in beide Richtungen der Funkverbindung durch Handumschaltung ermöglicht wird. Während der Aussendung der eigenen Schiffsfunkstelle ist der Empfang einer anderen Funkstelle nicht möglich.
Verkehrskreise	Zuordnung von Kanälen für bestimmte Aufgaben.
Verkehrskreis Funkverkehr an Bord	Funkverbindungen an Bord eines Schiffes oder innerhalb einer Gruppe von Fahrzeugen, die geschleppt oder geschoben werden, sowie bei Anweisungen für das Arbeiten mit Leinen und für das Ankern.

Anhang 3: Abkürzungen und Begriffsbestimmungen

Verkehrskreis Nautische Information	Funkverbindungen zwischen Schiffsfunkstellen und Funkstellen der Behörden, die für die Betriebsdienste auf Binnenwasserstraßen zuständig sind. Die Funkstellen der genannten Behörden können entweder Landfunkstellen oder mobile Funkstellen sein.
Verkehrskreis Öffentlicher Nachrichtenaustausch	Funkverbindungen zwischen Schiffsfunkstellen und den öffentlichen nationalen sowie internationalen Telekommunikationsnetzen.
Verkehrskreis Schiff–Hafenbehörde	Funkverbindungen zwischen Schiffsfunkstellen und Funkstellen der Behörden, die für die Betriebsdienste in Binnenhäfen zuständig sind. Die Funkstellen der genannten Behörden sollen vorzugsweise Landfunkstellen sein.
Verkehrskreis Schiff–Schiff	Funkverbindungen zwischen Schiffsfunkstellen.
Verkehrsposten	Zentrale in den Niederlanden und Belgien, die u. a. Anrufe aus der Schifffahrt entgegennimmt und die Schifffahrt über den Zustand der Wasserstraßen informiert. Der Schiffsverkehr kann von Verkehrsposten auch gelenkt werden.
Verkehrszentrale	Zentrale, die u. a. auch Anrufe aus der Schifffahrt entgegennimmt.
Vertragsverwaltungen	Verwaltungen der Länder, welche die Vereinbarung unterzeichnet und ihr zugestimmt haben (Artikel 6 der Regionalen Vereinbarung über den Binnenschifffahrtsfunk), bzw. Verwaltungen der Länder, die der Vereinbarung beigetreten sind und ihr zugestimmt haben (Artikel 8 der Regionalen Vereinbarung über den Binnenschiffahrtsfunk).
VHF	Very high frequency = UKW (Ultrakurzwellen).

Anhang 4: Wasserstraßen der Zonen 1–4

Zone 1 (Bundeswasserstraßen)

Ems: von der Verbindungslinie zwischen dem alten Leuchtturm Delfzijl und dem Leuchtfeuer Knock seewärts bis zum Breitenparallel 53° 30' Nord und dem Meridian 006° 45' Ost, d. h. geringfügig seewärts des Leichterplatzes für Trockenfrachter.

Greifswalder Bodden: von der Verbindungslinie zwischen Palmer Ort zum Punkt 54° 07' 10" Nord, 013° 28' 42" Ost bis zur Verbindungslinie von der Ostspitze Thiessower Haken (Südperd) über die Ostspitze Ruden zur Nordostspitze Usedom (54° 10' 16" Nord, 013° 49' Ost). Hiervon ausgenommen: Schoritzer Wiek, Having, Hagensche Wiek, deren Begrenzungen unter Zone 2 festgelegt sind.

Zone 2 (Bundeswasserstraßen)

Ems: von der bei der Hafeneinfahrt nach Papenburg über die Ems gehenden Verbindungslinie zwischen dem Diemer Schöpfwerk und dem Deichdurchlass bei Halte bis zur Verbindungslinie zwischen dem alten Leuchtturm Delfzijl und dem Leuchtfeuer Knock.

Jade: binnenwärts der Verbindungslinie zwischen dem Oberfeuer Schillinghörn und dem Kirchturm Langwarden.

Weser: von der Eisenbahnbrücke in Bremen bis zur Verbindungslinie zwischen den Kirchtürmen Langwarden und Kappel mit den Nebenarmen Westergate, Rekumer Loch, Rechter Nebenarm und Schweiburg.

Elbe: von der Untergrenze des Hamburger Hafens bis zur Verbindungslinie zwischen Kugelbake bei Döse und der nordwestlichen Spitze des Hohen Ufers (Dieksand) mit den Nebenelben sowie die Nebenflüsse Este, Lühe, Schwinge, Oste, Pinnau, Krückau und Stör (jeweils vom Sperrwerk bis zur Mündung).

Meldorfer Bucht: binnenwärts der Verbindungslinie von der nordwestlichen Spitze des Hohen Ufers (Dieksand) zum Westmolenkopf Büsum.

Eider: vom Gieselaukanal bis zum Eider-Sperrwerk.

Flensburger Förde: binnenwärts der Verbindungslinie zwischen Kekenis-Leuchtturm und Birknack.

Schlei: binnenwärts der Verbindungslinie der Molenköpfe Schleimünde.

Eckernförder Bucht: binnenwärts der Verbindungslinie von Boknis-Eck zur Nordostspitze des Festlandes bei Dänisch Nienhof.

Kieler Förde: binnenwärts der Verbindungslinie zwischen dem Leuchtturm Bülk und dem Marine-Ehrenmahl Laboe.

Nord-Ostsee-Kanal: von der Verbindungslinie zwischen den Molenköpfen in Brunsbüttel bis zur Verbindungslinie zwischen den Einfahrtsfeuern in Kiel-Holtenau mit der Obereidersee mit Enge, Audorfer See, Bergstedter See, Schirnauer See, Flemhuder See und Achterwehrer Schifffahrtskanal.

Trave: von der Eisenbahnbrücke und Holstenbrücke (Stadttrave in Lübeck) bis zur Verbindungslinie der beiden äußeren Molenköpfe bei Travemünde mit dem Pötenitzer Wiek und dem Dassower See.

Leda: von der Einfahrt in den Vorhafen der Seeschleuse von Leer bis zur Mündung.

Hunte: vom Hafen Oldenburg und 140 m unterhalb von der Amalienbrücke in Oldenburg bis zur Mündung.

Lesum: von der Eisenbahnbrücke in Bremen-Burg bis zur Mündung.

Este: vom Unterwasser der Schleuse Buxtehude bis zum Este-Sperrwerk.

Lühe: von der Mühle oberhalb 250 m der Straßenbrücke am Marschdamm in Horneburg bis zum Lühe-Sperrwerk.

Schwinge: von der Fußgängerbrücke unterhalb der Güldensternbastion in Stade bis zum Schwinge-Sperrwerk.

Freiburger Hafenpriel: von der Deichschleuse bei Freiburg an der Elbe bis zur Mündung.

Oste: vom Mühlenwehr Bremervörde bis zum Oste-Sperrwerk.

Pinnau: von der Eisenbahnbrücke Pinneberg bis zum Pinnau-Sperrwerk.

Krückau: von der Wassermühle in Elmshorn bis zum Krückau-Sperrwerk.

Stör: vom Pegel Rensing bis zum Stör-Sperrwerk.

Wismarbucht mit Kirchsee: von der Verbindungslinie zwischen Hohen Wieschendorf Huk (53° 57' 32" Nord, 010° 20' Ost) und Leuchtfeuer Timmendorf bis zur Grenze des Hafengebietes.

Breitling und Salzhaff: seewärts begrenzt durch die Verbindungslinie zwischen der Südspitze der Halbinsel Wustow (54° 02' 19" Nord, 011° 46' Ost) und dem Punkt 54° 01' 30" Nord, 010° 28' 19" Ost auf der Insel Poel.

Untere Warnow und Breitling: von der Verbindungslinie zwischen dem nördlichen Punkt der Westmole und dem nördlichsten Punkt der Ostmole bis zum Breitenparallel 54° 08' 24" Nord.

Gewässer, die vom Festland und den Halbinseln Darß und Zingst sowie den Inseln Hiddensee und Rügen eingeschlossen sind (einschl. Stralsunder Hafengebiet): seewärts begrenzt zwischen 1.) Zingst und Bock durch das Breitenparallel 54° 26' 32" Nord, 2.) Bock und Hiddensee durch die Verbindungslinie von der Nordspitze der Insel Bock zur Südspitze der Insel Hiddensee, 3.) Insel Hiddensee und Insel Rügen (Bug) durch die Verbindungslinie von der Südspitze Neubessin zum Buger Hafen.

Greifswalder Bodden: seewärts durch die Verbindungslinie von der Ostspitze Thiessower Haken (Südperd) über die Ostspitze Insel Ruden zur Nordspitze Insel Usedom (54° 10' 37" Nord, 013° 47' 51" Ost).

Gewässer, die vom Festland und der Insel Usedom eingeschlossen sind (Peenestrom einschl. Wolgaster Hafengebiet, Achterwasser, Stettiner Haff): östlich begrenzt durch die Republik Polen im Stettiner Haff.

Zone 2 (im Gebiet der Europäischen Gemeinschaft)

Frankreich

Seine: von der Jeanne-d'Arc-Brücke in Rouen bis zur Mündung.

Garonne und Gironne: von der Steinbrücke in Bordeaux bis zur Mündung.

Rhone: von der Trinquetaille-Brücke in Arles und darüber hinaus in Richtung Marseille.

Niederlande

Dollart, Ems, Wattensee: einschließlich der Verbindung zur Nordsee.

Ijsselmeer: einschließlich Markermeer und Ijmeer, aber ohne Gouwzee.

Waterweg von Rotterdam und der Scheur, Hollands Diep, Haringvliet und Vuile Gat: einschließlich der Wasserstraßen zwischen Goerre-Overflakkee einerseits und Voorne-Putten und Hoekse Waard andererseits.

Hellegat, Volkerak, Kramer, Grevelingen und Brouwers-havense Gat: einschließlich aller Binnenwasserstraßen zwischen Schouwen-Duiveland einerseits und Goeree-Overflakkee andererseits.

Keten, Mastgat, Zijpe, Oosterschelde und Rompot: einschließlich der Wasserstraßen zwischen Walcheren, Noord-Beveland und Zuid-Beveland einerseits und Schouwen-Duiveland und Tholen andererseits, ausgenommen der Rhein-Schelde-Kanal.

Schelde und Westerschelde und Mündungsgebiet: einschließlich der Binnenwasserstraßen zwischen Zeelands-Flanderen einerseits und Walscheren und Zuid-Beveland andererseits, ausgenommen der Rhein-Schelde-Kanal.

Anhang 4: Wasserstraßen der Zonen 1–4

Zone 3 (im Gebiet der Europäischen Gemeinschaft)

Deutschland

Donau: von Kehlheim (km 2414,72) bis zur deutsch-österreichischen Grenze.

Rhein: von der deutsch-schweizerischen Grenze bis zur deutsch-niederländischen Grenze.

Elbe: von der Einmündung des Elbe-Seiten-Kanals bis zur unteren Grenze des Hamburger Hafens.

Belgien

Seeschelde: von der Antwerpener Reede flussabwärts.

Frankreich

Rhein

Niederlande

Rhein: Koevordermeer, Heegermeer, Fluessen, Slotemeer, Tjeukemeer, Beulakkerwijde, Breiterwijde, Remsdiep, Ketelmeer, Zwatremeer, Eemmeer, Alkmaardermeer, Gouwzee, Außen-IJ, Binnen-IJ, Nordzeekanal, Hafen von Ijumuiden, Hafengebiet von Rotterdam, Nieuwe Maas, Noord, Oude Maas, Beneden Merwede, Dortsche Kil, Boven Mervede, Waal, Bijlandsch Kanaal, Boven Rijn, Pannerdensch Kanaal, Geldersche Ijssel, Neder Rijn, Lek, Amsterdam-Rhein-Kanal, Veerse Meer, Rhein-Schelde-Kanal bis zur Einmündung in den Volkerak, Amer, Bergsche Maas, die Maas abwärts von Ventlo.

Schweden

Göta kanal

Vättersee

Zone 4 (im Gebiet der Europäischen Gemeinschaft)

Deutschland: alle Binnenwasserstraßen außer den Zonen 1, 2 und 3.

Belgien: alle belgischen Binnenwasserstraßen mit Ausnahme der Wasserstraßen der Zone 3.

Frankreich: alle französischen Wasserstraßen außer denen der Zonen 1, 2 und 3.

Niederlande: alle übrigen Flüsse, Kanäle und Seen, die nicht unter den Zonen 1, 2 und 3 aufgeführt sind.

Italien

Po: von Piacenza bis zur Mündung.

Mailand-Kanal: Cremona-Po-Endabschnitt, Verbindung zum Po, auf 15 km Länge.

Mincio: von Mantova bis Governolo al Po.

Idrovia Ferrarese: vom Po (Pontelafoscuro), Ferrara bis Porto Garibaldi.

Brondolo Kanala und Valle-Kanal: vom Po di Laguna die Venezia.

Fissero-Tartaro: von der Adria zum Po die Levante.

Canalbianco-Kanal

Litoranea Venta: von der Laguna die Venezia bis Grado.

Luxemburg

Mosel

Schweden

Alle anderen in den Zonen 1, 2 und 3 nicht aufgeführten Kanäle und Binnenseen.

Anhang 5: Auszug Handbuch Binnenschifffahrtsfunk

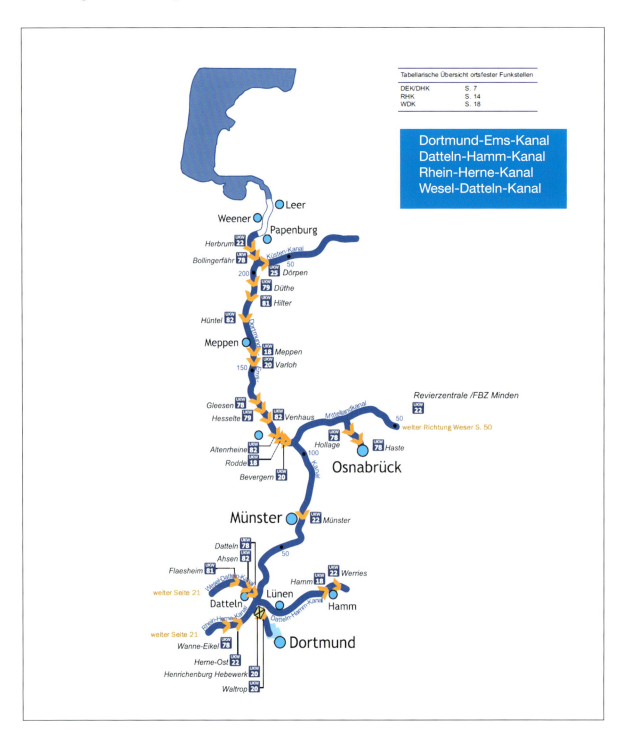

Anhang 5: Auszug Handbuch Binnenschifffahrtsfunk

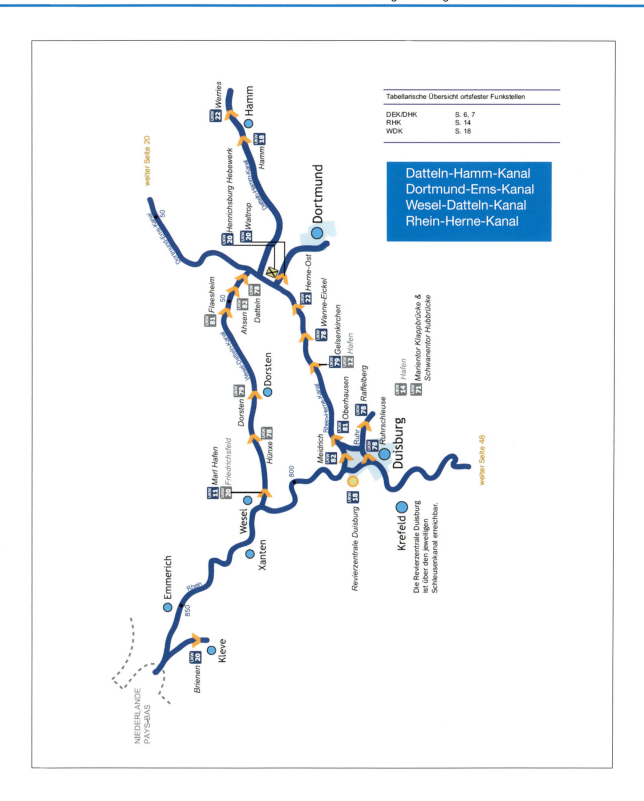

Anhang 5: Auszug Handbuch Binnenschifffahrtsfunk

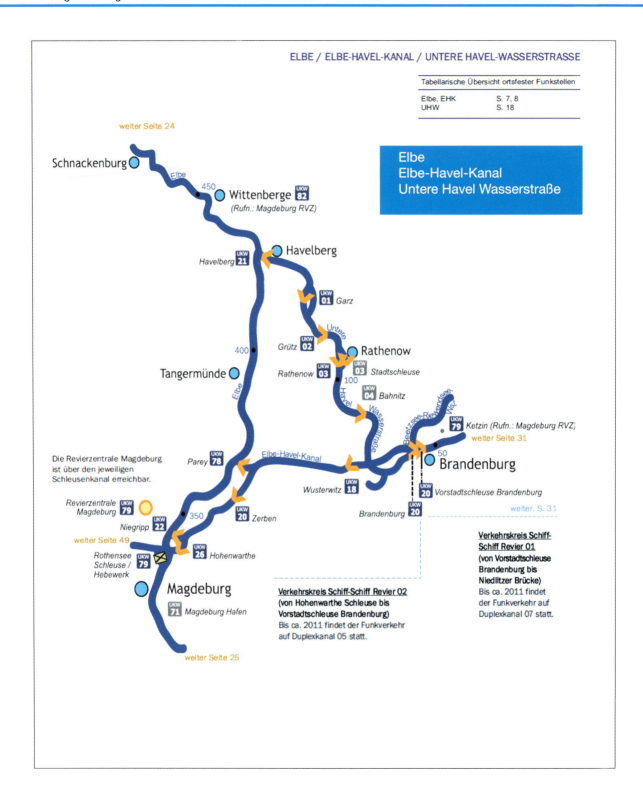

Anhang 5: Auszug Handbuch Binnenschifffahrtsfunk

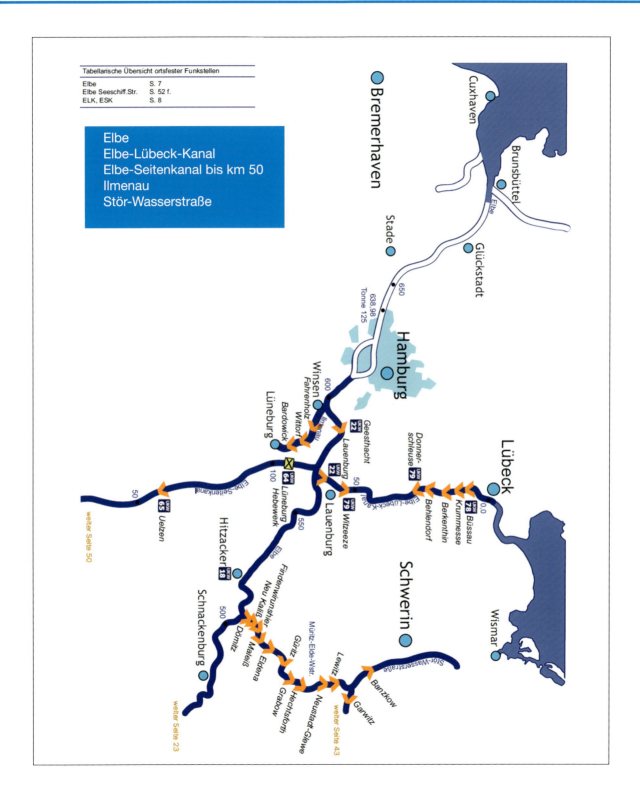

Anhang 5: Auszug Handbuch Binnenschifffahrtsfunk

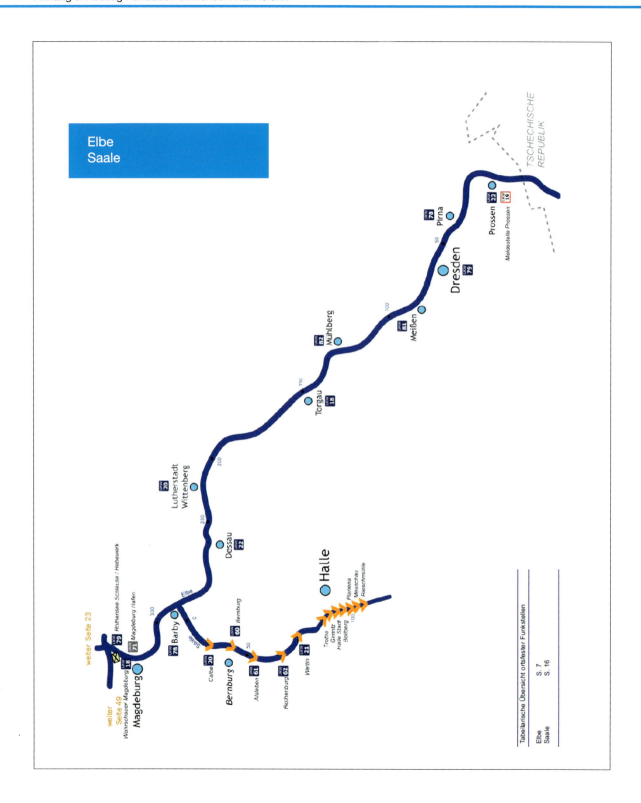

Anhang 5: Auszug Handbuch Binnenschifffahrtsfunk

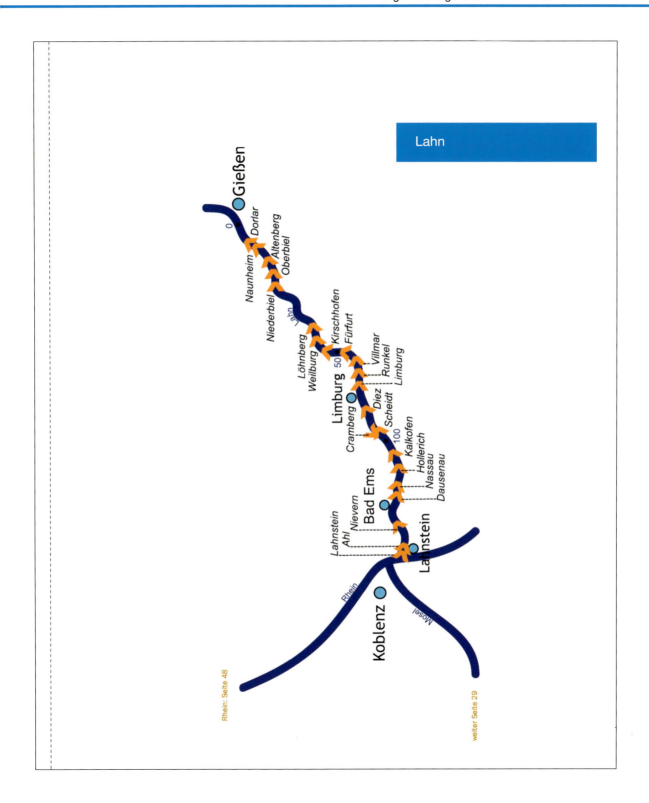

Anhang 5: Auszug Handbuch Binnenschifffahrtsfunk

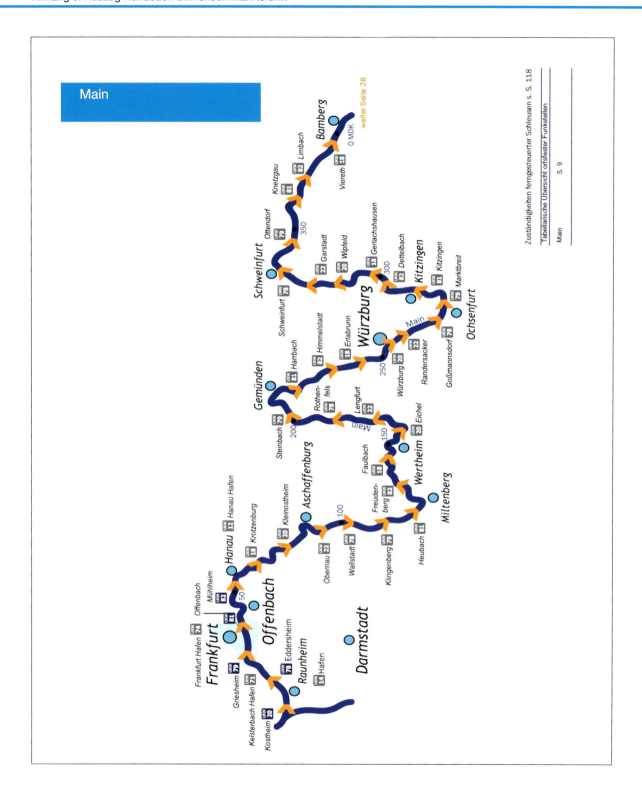

Anhang 5: Auszug Handbuch Binnenschifffahrtsfunk

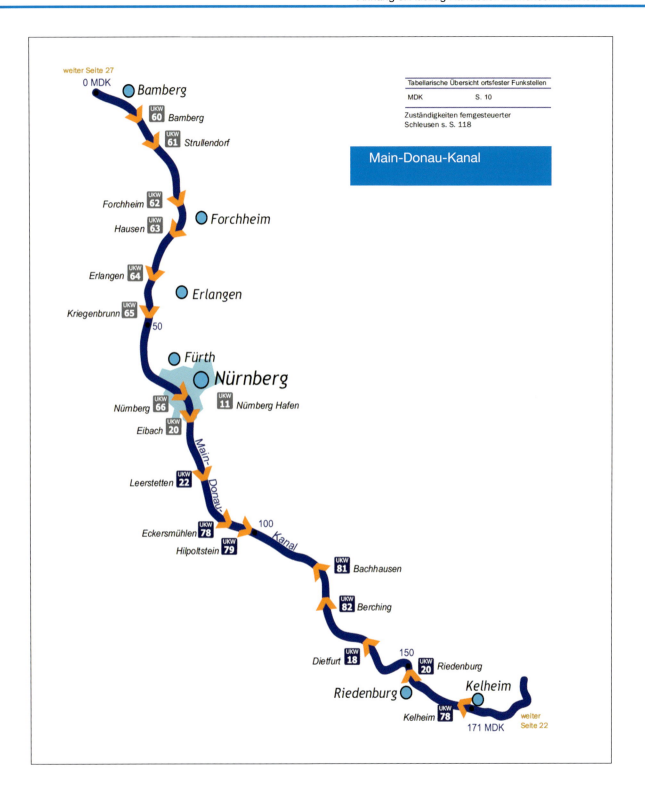

Anhang 5: Auszug Handbuch Binnenschifffahrtsfunk

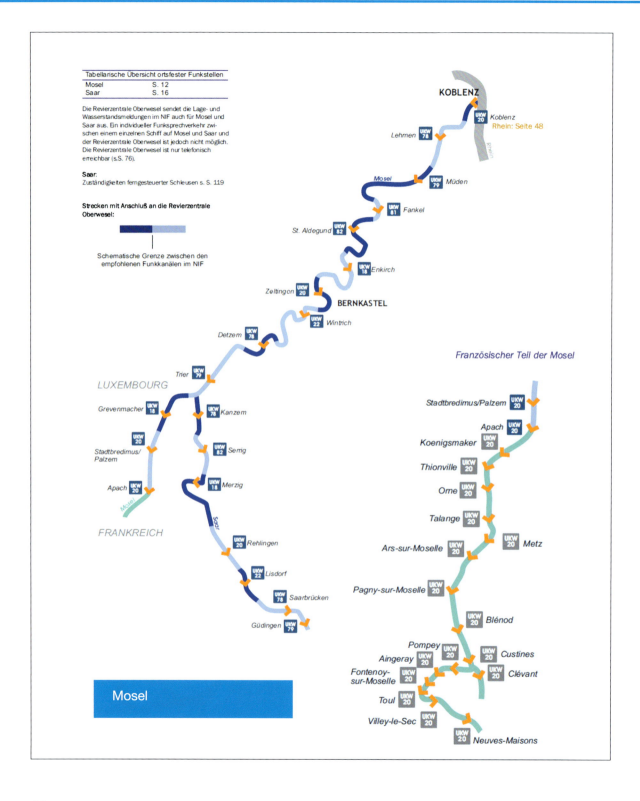

Anhang 5: Auszug Handbuch Binnenschifffahrtsfunk

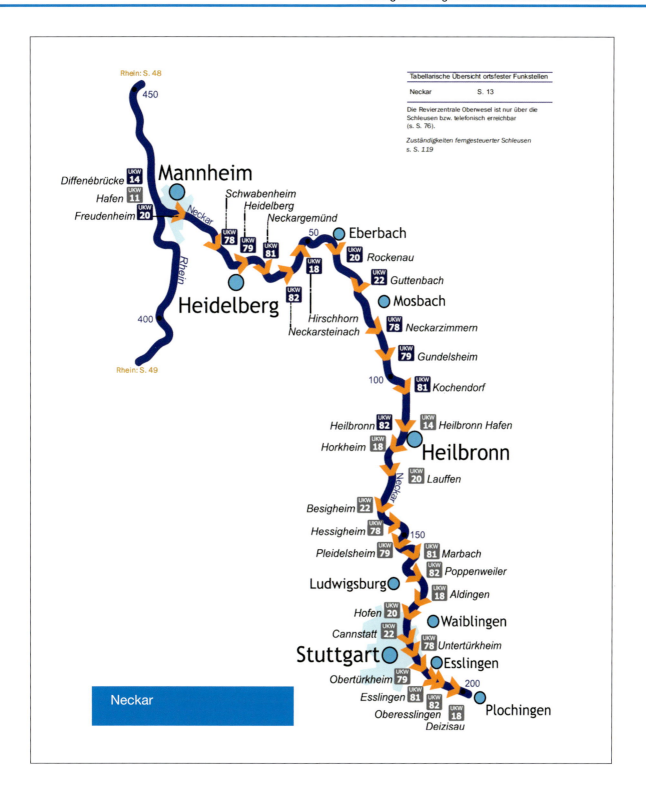

Anhang 5: Auszug Handbuch Binnenschifffahrtsfunk

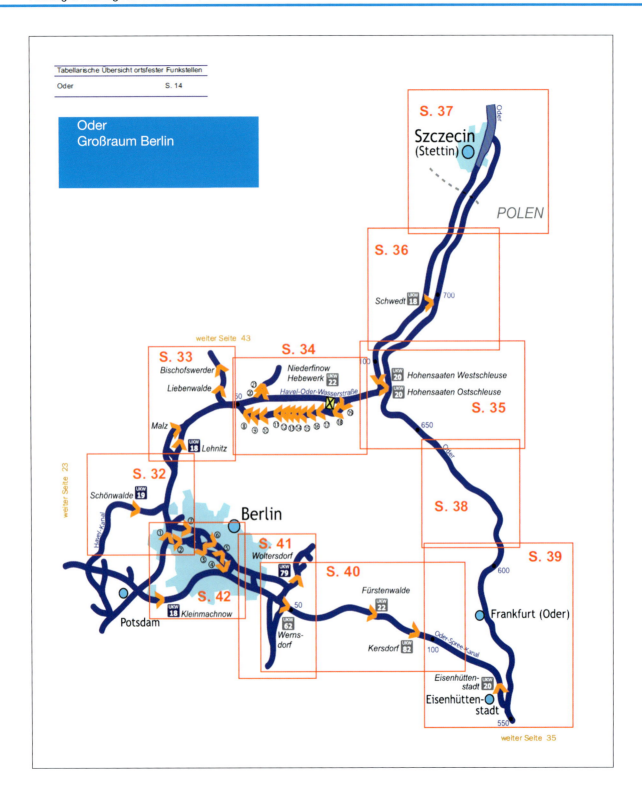

Anhang 5: Auszug Handbuch Binnenschifffahrtsfunk

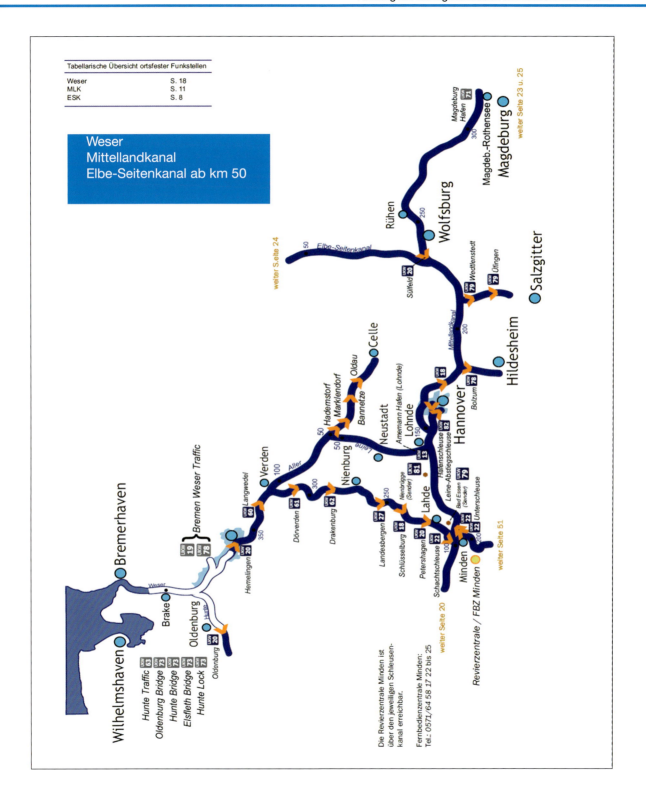

Anhang 5: Auszug Handbuch Binnenschifffahrtsfunk

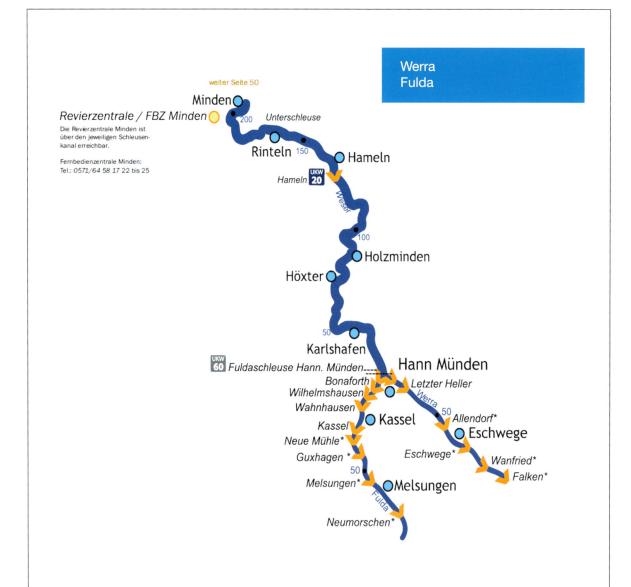

* Die **obere Fulda** ist eine Bundeswasserstraße, die nicht dem allgemeinen Verkehr dient. Es findet lediglich Verkehr mit muskelbetriebenen Sportbooten statt. Für diese Boote wurde jeweils eine Bootsgasse und eine Bootsschleppe erstellt.

* Die **Werra** ist überwiegend Bundeswasserstraße, die nicht dem allgemeinen Verkehr dient. Es findet fast lediglich Verkehr mit muskelbetriebenen Sportbooten statt. Die Schleusen werden von den Sportbootfahrern per Hand selbst bedient.

Anhang 6: Merkblatt Verkehrssicherungssysteme

Anlass für das Merkblatt

Das Merkblatt „Verkehrssicherungssysteme auf Binnenschifffahrtsstraßen" erfreut sich seit seiner ersten Auflage 1995 einer stetig wachsenden Nachfrage durch die Nutzer der Binnenschifffahrtsstraßen. Mit seiner kompakten übersichtlichen Form, die alle wichtigen Informationen für eine sichere Fahrt aus verschiedenen Dokumenten wie z.B. dem Handbuch Binnenschifffahrtsfunk und den Schifffahrtspolizeiverordnungen zusammenfasst, richtet es sich nicht nur an die Berufsschifffahrt, sondern an alle Verkehrsteilnehmer gleichermaßen.

Ausgehend vom Nautischen Informationsfunk (NIF) haben sich die modernen Verkehrssicherungssysteme kontinuierlich weiterentwickelt und nutzen mittlerweile die Möglichkeiten des elektronischen Datenaustausches, des Internets sowie allgemein der modernen Informations- und Kommunikationstechnologien an Bord und an Land.

Von größter Bedeutung für den Nutzer ist vor allem die Aktualität des Merkblatts, um sich auf dem Wasser korrekt verhalten zu können und somit zu einem reibungslosen Verkehrsablauf beizutragen. Die Verkehrssicherungssysteme, die auf modernen Informations- und Kommunikationstechnologien aufbauen, werden entsprechend deren technischen Möglichkeiten laufend optimiert. Eine gedruckte Ausgabe des Merkblatts, die wie bisher in Zwei- bis Dreijahresrhythmen weiterhin aktualisiert würde, könnte dem notwendigen Anspruch an die Aktualität nur bedingt gerecht werden. Deshalb hat sich der Herausgeber, die Wasser- und Schifffahrtsverwaltung des Bundes (WSV) dafür entschieden, das Merkblatt nur noch im Internet über das Elektronische Wasserstraßen-Informationssystem (ELWIS) zum Download anzubieten. Die WSV, die auch ELWIS betreibt, passt die Inhalte des Merkblatts ab sofort laufend den Veränderungen an.

Das Merkblatt findet sich unter www.elwis.de als pdf-Datei unter der Rubrik „RIS-Telematikprojekte/Öffentlichkeitsarbeit".

Inhalt

Thema	Seite
Übersicht der Binnenschifffahrtsstraßen mit NIF und MIB	3
Allgemeines zum Nautischen Informationsfunk (NIF)	4
Ausrüstungspflicht mit UKW-Sprechfunkgeräten in der Binnenschifffahrt, Funkbenutzungspflicht	5
Elektronisches Wasserstraßen-Informationssystem ELWIS	6
Wasserstände, Eislage	8
Allgemeines zum Melde- und Informationssystem Binnenschifffahrt (MIB)	9
Erweiterte Meldepflicht für Transporte mit gefährlichen Ladungen bzw. besonderen Abmessungen	10
Verbindung zu den Meldezentralen in den Niederlanden, in Frankreich und in der Schweiz	12
Geltungsbereich des § 12.01 RheinSchPV und des § 9.05 MoselSchPV (MIB)	13
Elektronisches Melden mit BICS	14
Lichtwahrschau in der Gebirgsstrecke des Rheins	15
Verkehrsbegleitung auf dem Rhein (Waal) zwischen Lobith und Dordrecht in den Niederlanden	16
Verkehrsgebiet Niederrhein und westdeutsche Kanäle	18
Verkehrsgebiet Ober- und Mittelrhein	20
Verkehrsgebiet Mittellandkanal, Elbe-Seitenkanal und Mittelweser	22
Verkehrsgebiet Elbe – Oder	24
Tauchtiefen und Fahrrinnentiefen im Bereich der WSD Ost	26
Berliner Wasserstraßen	27
Verkehrsgebiet Mosel und Saar	28
Verkehrsgebiet Neckar	30
Verkehrsgebiet Main, Main-Donau-Kanal, Donau	32
Elektronische Wasserstraßenkarte (Inland ECDIS, ARGO)	34
Internetadressen, Impressum	36

Anhang 6: Merkblatt Verkehrssicherungssysteme

Übersicht der Binnenschifffahrtsstraßen mit NIF und MIB

NIF: Nautischer Informationsfunk

MIB: Melde- und Informationssystem Binnenschifffahrt

- zentraler NIF (über Revierzentralen)
- örtlicher NIF (Schleusenfunk)
- MIB
- kein NIF oder Seeschifffahrtsstraße
- Duisburg — Revierzentrale

89

Allgemeines zum Nautischen Informationsfunk (NIF)

Grundlagen

Zweck
Der Verkehrskreis »Nautische Information« im Binnenschifffahrtsfunk dient der Übermittlung von Nachrichten, die sich auf den Schutz von Personen oder auf die Fahrt oder die Sicherheit von Schiffen beziehen.

Gesprächspartner
- Revierzentrale / Schleuse <–> Schiff
- Wasserschutzpolizei <–> Schiff (nur im Verkehrsgebiet Niederrhein und westdeutsche Kanäle südlich von Bergeshövede).

Art des Betriebes
Duplex, Semi-Duplex - nur bei Schiffsfunkstellen - oder Simplex.

Herstellung der Funkkontakte
Offener Sprachanruf durch Herausnahme des Handhörers und Anruf der Sprechstelle.

Ortsfeste Funkstellen
Die Landfunkstellen sind z.T. mit mehreren Sprechstellen verbunden (Schleuse, Revierzentrale, Schiffszählstelle); deshalb bitte immer gewünschte Sprechstelle nennen (z.B. »Iffezheim Schleuse« oder »Oberwesel Revierzentrale«).

Tafelzeichen mit Angabe der Funkkanäle
Tafelzeichen E.21 (UKW...) am Ufer beachten. Für bestmöglichen Empfang beim Passieren der Tafeln auf den jeweils benachbarten UKW-Kanal umschalten. An den staugeregelten Wasserstraßen sind etwa in der Mitte der Stauhaltungen Tafelzeichen E.21 mit der Aufschrift der UKW-Kanäle der nächsten Schleusen aufgestellt.

Regeln für den Funkverkehr
Die Zentralkommission für die Rheinschifffahrt (ZKR) und die Donaukommission (DK) haben gemeinsam das „Handbuch Binnenschifffahrtsfunk" herausgegeben. Dieses Handbuch muss sich nach § 1.10 der Schifffahrtspolizeiverordnungen an Bord eines jeden Schiffes (auch der Kleinfahrzeuge) befinden, das mit einem Sprechfunkgerät ausgerüstet ist. Das Handbuch kann beim Binnenschifffahrts-Verlag GmbH, Dammstr. 15/17, 47119 Duisburg bezogen werden (Telefon (02 03) 8 00 06-20, Telefax -21).

Die Bedienung einer Sprechfunkanlage darf nur durch Personen erfolgen bzw. muss von Personen beaufsichtigt werden, die über ein UKW-Sprechfunkzeugnis für den Binnenschifffahrtsfunk verfügen.

Die Binnenschifffahrt-Sprechfunkverordnung vom 18.12.02 regelt
- den UKW-Funkdienst an Bord von Binnenschiffen (Einzelheiten Handbuch „Binnenschifffahrtsfunk") und
- den Erwerb von UKW-Sprechfunkzeugnissen für den Binnenschifffahrtsfunk.

Die Verordnung findet sich in www.elwis.de (Rubrik „Freizeitschifffahrt").

Annahme von Funksprüchen aus der Schifffahrt

durch die Schleusen:
- Schleusenbetrieb, Notmeldungen, Dringlichkeitsmeldungen, Sicherheitsmeldungen

durch die Revierzentrale:
- wenn die Zentrale direkt gerufen wird
- Meldepflicht (u.a. nach § 12.01 RheinSchPV)
- Notmeldungen, Dringlichkeitsmeldungen, Sicherheitsmeldungen, allgemeine Auskünfte
- wenn Schleuse sich nicht meldet.

Ausfall einer Landfunkstelle
Bitte beim Ausfall einer Landfunkstelle auf den benachbarten UKW-Kanal umschalten und versuchen, über diesen eine Funkverbindung aufzubauen.

Besonderheit
In Belgien und den Niederlanden darf auf allen Kanälen im Verkehrskreis Nautische Information nur mit einer Sendeleistung von maximal 1 Watt gesendet werden.

Anweisungen
Das Personal der Revierzentralen und der Schleusen gibt Anweisungen für die Sicherheit und Leichtigkeit der Schifffahrt nach § 1.19 der Schifffahrtspolizeiverordnungen (SchPV) weiter.
Im Rahmen seiner Befugnisse erteilt das Personal der Revierzentralen bei besonderen Ereignissen Anweisungen nach § 1.19 SchPV.

Bekanntmachungen der Behörden

Ruf »An alle Schiffsfunkstellen«

Lagemeldungen
täglich zu festen Zeiten.
Hinweise auf lang andauernde Baustellen oder Verkehrsregelungen, die in der Örtlichkeit bezeichnet und/oder schriftlich bekannt gemacht sind, werden nach der Einführungsphase nicht mehr in die Lagemeldungen aufgenommen.

Einzelmeldungen
Bei bedeutenden Ereignissen;
z.B. Bekanntgabe von Verkehrsregelungen nach Havarien und bei Schleusensperrungen.
(Sicherheitszeichen: SECURITE).

Wasserstandsmeldungen
- täglich aktuelle Wasserstände und je nach Situation zusätzlich Niedrigwasservorhersagen und Hochwassermeldungen (HSW) für den Rhein durch die RvZ Duisburg und die RvZ Oberwesel
- täglich Tauch- und Fahrrinnentiefen für Elbe, Saale, Untere-Havel-Wasserstraße, Elbe-Havel-Kanal und Rothenseer Verbindungskanal sowie die Pegelstände für Elbe und Saale durch die RvZ Magdeburg.

Mitteilungen und Anfragen aus der Schifffahrt

Notmeldungen, Dringlichkeitsmeldungen und Mitteilungen
- zur Einleitung von Hilfsmaßnahmen (z.B. Krankenwagen- oder Polizeianforderung, Havariemeldung)
- zum Zustand der Wasserstraße, wie z.B. Schifffahrtszeichen, Nebel, Eis (Sicherheitsmeldungen).

Inhalt einer Notmeldung
1. Notzeichen (MAYDAY)
2. ggf. Name der gerufenen Funkstelle
3. Name des in Not befindlichen Schiffes
4. Standort
5. erbetene Hilfeleistung und Information zur Gefahrenabwehr.

Auskünfte

durch Revierzentrale:
- in allgemeinen Angelegenheiten

durch Schleusen:
- zum Schleusenbetrieb.

Ausrüstungspflicht mit UKW-Sprechfunkgeräten in der Binnenschifffahrt, Funkbenutzungspflicht

Binnenschifffahrtsstraße	Art der Fahrzeuge	Anzahl der UKW-Sprechfunkgeräte an Bord	Funkbenutzungspflicht
Rhein ab Rheinfelden einschließlich Lek und Waal [5]	Fahrzeuge mit Maschinenantrieb, ausgenommen Kleinfahrzeuge	2	Gleichzeitige Empfangsbereitschaft in den Verkehrskreisen Schiff <–> Schiff und Nautische Information
	Kleinfahrzeuge, die eine Radarfahrt durchführen und mit einer Sprechfunkanlage ausgerüstet sind.	1	Empfangsbereitschaft im Verkehrskreis Schiff <–> Schiff [1] [2]
Mosel unterhalb Metz (km 298,50)	Fahrzeuge mit Maschinenantrieb, ausgenommen Kleinfahrzeuge, Fähren und schwimmende Geräte	2	Gleichzeitige Sende- und Empfangsbereitschaft in den Verkehrskreisen Schiff <–> Schiff und Nautische Information [4]
	Kleinfahrzeuge, die eine Radarfahrt durchführen und mit einer Sprechfunkanlage ausgerüstet sind.	1	Empfangsbereitschaft im Verkehrskreis Schiff <–> Schiff [1] [2]
	Fähren und schwimmende Geräte mit Maschinenantrieb	1	Empfangsbereitschaft im Verkehrskreis Schiff <–> Schiff [2]
Donau	Fahrzeuge mit Maschinenantrieb, schwimmende Geräte, frei fahrende Fähren, ausgenommen Kleinfahrzeuge	1	Empfangsbereitschaft im Verkehrskreis Schiff <–> Schiff [2] Im Schleusenbereich Empfangsbereitschaft im Verkehrskreis Nautische Information
	Fahrzeuge, die eine Radarfahrt durchführen	1	Empfangsbereitschaft im Verkehrskreis Schiff <–> Schiff; übrige Schifffahrt informieren
Alle deutschen Binnenschifffahrtsstraßen außer Rhein, Mosel und Donau	Fahrzeuge mit Maschinenantrieb, ausgenommen schwimmende Geräte, Fähren und Kleinfahrzeuge	2	Ständige Sende- und Empfangsbereitschaft in den Verkehrskreisen Schiff <–> Schiff und Nautische Information [3] [4]
	Schwimmende Geräte, Fähren mit Maschinenantrieb, Seilfähren, die auf den Wasserstraßen Elbe, Hase und Ems verkehren, sowie Kleinfahrzeuge, die eine Radarfahrt durchführen, und Kleinfahrzeuge, die bei unsichtigem Wetter fahren	1	Ständige Sende- und Empfangsbereitschaft im Verkehrskreis Schiff <–> Schiff [1] [2] [4]
	Kleinfahrzeuge	–	Kleinfahrzeuge, die freiwillig mit einem UKW-Sprechfunkgerät ausgerüstet sind, Sende- und Empfangsbereitschaft im Verkehrskreis Schiff <–> Schiff [2] [1]

[1] Für Fahrzeuge, die bereits mit zwei UKW-Sprechfunkgeräten ausgerüstet sind, gleichzeitige Empfangsbereitschaft in den Verkehrskreisen Schiff <–> Schiff und Nautische Information.

[2] Der Verkehrskreis Schiff <–> Schiff kann kurzfristig zur Übermittlung oder zum Empfang von Nachrichten auf anderen Verkehrskreisen (z.B. Nautische Information, Schiff <–> Hafenbehörde) verlassen werden.

[3] Der Verkehrskreis Nautische Information darf nur zur Übermittlung oder zum Empfang von Nachrichten auf anderen Verkehrskreisen kurzfristig verlassen werden.

[4] Jedes mit einem UKW-Sprechfunkgerät ausgerüstete Fahrzeug muss sich im Verkehrskreis Schiff <–> Schiff vor der Einfahrt in unübersichtliche Strecken, Fahrwasserengen oder Brückenöffnungen melden.

[5] Nach Überschreiten der Hochwassermarke I dürfen innerhalb des entsprechenden Streckenabschnittes nur solche Fahrzeuge ihre Fahrt fortsetzen, die mit einer Sprechfunkanlage ausgerüstet sind. Sie müssen den Verkehrskreis Nautische Information auf Empfang geschaltet haben. Dies gilt nicht für Kleinfahrzeuge, die mit Muskelkraft fortbewegt werden.

Rangfolge und Arten der Funkgespräche

1. Notmeldungen
Rufzeichen: MAYDAY 3 x gesprochen Inhalt: unmittelbare Gefährdung von Mensch oder Schiff

2. Dringlichkeitsmeldungen
Rufzeichen: PAN PAN 3 x gesprochen Inhalt: Nachrichten, die die Sicherheit der Besatzung oder des Schiffes betreffen, wie z.B. Krankheiten, die keine Lebensgefahr bedeuten, oder Schäden an Fahrzeugen, ohne dass davon eine unmittelbare Gefahr ausgeht.

3. Sicherheitsmeldung
Sicherheitszeichen: SECURITE
3 x gesprochen Inhalt: wichtige nautische Warnnachrichten oder wichtige Wetterwarnung.

4. Routinegespräch
Rufzeichen: Name der gerufenen Funkstelle

Anhang 6: Merkblatt Verkehrssicherungssysteme

Nautische Informationen im Internet
Elektronisches Wasserstraßen-Informationssystem
www.elwis.de

Allgemeines

ELWIS ist die Homepage der Wasser- und Schifffahrtsverwaltung des Bundes mit allen nautisch relevanten Informationen für Schifffahrtstreibende auf deutschen Binnenwasserstraßen.
Alle Informationen sind zentral an einer Stelle hinterlegt und werden kostenfrei durch die Wasser- und Schifffahrtsverwaltung des Bundes angeboten.

Inhalt

Nachrichten für die Binnenschifffahrt
- Verkehrsinformationen für die Wasserstraßen (die Informationen können vom Nutzer gegliedert nach Wasserstraßen und dort für ausgewählte Streckenbereiche und Gültigkeitsdaten sortiert gesucht und in neun Sprachen ausgegeben werden, siehe Bild unten und Seite 7 unten)
- Fahrrinnen-, Tauch- und Abladetiefen im Bereich der WSD Ost (siehe Seite 26)
- Prüfungstermine für Befähigungszeugnisse
- Schleusenbetriebszeiten (Regelzeiten)

Bekanntmachungen für Seefahrer
Verkehrsinformationen für den Küstenbereich.

Gewässerkundliche Informationen
- Wasserstände und Wasserstandsvorhersagen (siehe Bilder auf Seite 7)
- Eislage-Berichte
- Vorhersage der Über- bzw. Unterschreitung des Höchsten Schifffahrtswasserstandes HSW für den Rhein (im Bedarfsfall)
- externe Links zu Wasserständen und Hochwasservorhersagen
- aktuelle Wasserstände der Nachbarstaaten.

Schifffahrtsrecht / Schiffsuntersuchung
- Rheinschifffahrtspolizeiverordnung
- Binnenschifffahrtsstraßen-Ordnung
- Rheinschiffsuntersuchungsordnung
- Moselschifffahrtspolizeiverordnung
- Donauschifffahrtspolizeiverordnung
- Seeschifffahrtsstraßen-Ordnung
- Binnenschifffahrtskostenverordnung
- Binnenschifffahrt-Sportbootvermietungsverordnung
- Rheinpatentverordnung
- Binnenschifferpatentverordnung
- Merkblatt der Zentralstelle Schiffsuntersuchungskommission/Schiffseichamt
- Einheitliche UN/ECE-Redewendungen für den Funkverkehr in der Binnenschifffahrt.

Verkehrswirtschaft
- Kabotage-Informationen
- Leitfaden „Temporäre Umschlagstellen zwischen Elbe und Oder"
- Richtlinie zur Förderung von Umschlagsanlagen des Kombinierten Verkehrs
- Richtlinien für die Gewährung von Beihilfen zur Ausbildungsförderung in der Binnenschifffahrt.

Daten und Fakten der Binnenwasserstraßen
- Klassifizierung der Binnenwasserstraßen
- Abmessungen der Bauwerke (lichte Weiten) unter „Datentabellen"
- Zulässige Schiffs- und Verbandsabmessungen

Verkehrsstatistik
- Durchgangsverkehr an ausgewählten Schleusen (Jahresergebnisse)
- Binnenschiffsverkehr in Deutschland (Monatsergebnisse)
- Verkehrsberichte.

Freizeitschifffahrt
Informationen, Merkblätter und Hinweise zu diversen Themen aus dem Bereich der Freizeitschifffahrt.

Adressen und Sonstiges
- Adressen der Dienststellen der Wasser- und Schifffahrtsverwaltung
- Adressen, Telefon- und Faxnummern der Schleusen
- Zuständigkeiten, Adressen und Erreichbarkeiten aller Wasserschutzpolizei-Dienststellen in Deutschland.

Links zu Organisationen und Behörden
Diverse fachbezogene Internetlinks als Ergänzung zu den Informationsinhalten in ELWIS.

River Information Services (Telematikprojekte)
Übersicht und Kurzbeschreibung nationaler und internationaler Telematikprojekte im Bereich der Binnenschifffahrt.

Stellenangebote
- Kontakt Fachvermittlung für Binnenschiffer
- Stellenangebote der WSV

Beispiel: Informationssuche im Bereich der Nachrichten für die Binnenschifffahrt (NfB)

Suche Nachrichten für die Binnenschifffahrt

Wasserstraße: Mosel [auswählen]
km von: 0,000 (9999,999)
km bis: 242,200 (9999,999)
gültig von: 27 Mär 2007
gültig bis: 26 Apr 2007
Ausgabe in: Deutsch
[Suche starten...] [Zurücksetzen]

6 Suchmaske

Nr.	ID	Wasserstraße / Bereich Titel
1	0298/2007	Mosel – Schleuse St. Aldegund und Enkirch Nachricht wegen Reparaturarbeiten: Sperre
2	1950/2006	Mosel – Schleuse Koblenz 2 (Kleine Kammer) Nachricht wegen Reparaturarbeiten: Sperre
3	1827/2006	Mosel – Schleuse Kaimauertreppen an den Schleusenanlagen, Liegeplätzen und bundeseigenen Häfen Nachricht wegen Einschränkungen: besondere Vorsicht
4	1805/2006	Mosel – Fahrwasser oberer Vorhafen Schleuse Fankel Nachricht wegen Bauarbeiten: verfügbare Breite, besondere Vorsicht, Wellenschlag vermeiden
5	1490/2006	Mosel – Schleuse Nachricht wegen Reparaturarbeiten: Sperre
6	0684/2006	Mosel Nachricht: keine Einschränkung

Anzeige der Suchergebnisse

Anhang 6: Merkblatt Verkehrssicherungssysteme

ELWIS-Abo

ELWIS-Abo ist eine Serviceerweiterung in ELWIS, bei der der Nutzer die Möglichkeit hat, Informationen aus ELWIS zu abonnieren. Diese Informationen werden dann zukünftig automatisch übermittelt. Je nach Auswahl erfolgt die Informationsbenachrichtigung regelmäßig oder ereignisgesteuert. Die ausgewählten Informationen werden dabei als E-Mail auf den Computer oder das Mobiltelefon des Nutzers übersendet.

Welche Informationen gibt es in ELWIS-Abo?

Zur Zeit werden über ELWIS-Abo folgende Informationen veröffentlicht:
- Wasserstände
- Fahrrinnen-, Tauch- und Abladetiefen der WSD Ost
- Nachrichten für die Binnenschifffahrt
- Eislage-Kurzinformationen
- BfS – Bekanntmachungen für Seefahrer.

Zusätzlich zum Klartext ist eine Informationsausgabe in XML möglich, wobei Inhalt und Syntax der Information entsprechend dem Standard „Notices to Skippers" auf Grundlage der europäischen Richtlinie 2005/44/EG (RIS-Richtlinie) aufbereitet sind.

Wie melde ich mich für ELWIS-Abo an?

Auf der ELWIS-Abo Startseite ist unter der Rubrik „Allgemeine Informationen zum Abo-Service" ein Informationsblatt hinterlegt, in dem detailliert die einzelnen Schritte für die ELWIS-Abo-Anmeldung beschrieben sind.

Was kostet ELWIS / ELWIS-Abo?

Alle Informationen in ELWIS und ELWIS-Abo werden von der Wasser- und Schifffahrtsverwaltung des Bundes **kostenfrei** zur Verfügung gestellt.

- Ausgabe der Informationen auf den Computer: Dem Nutzer entstehen bei der Nutzung von ELWIS / ELWIS-Abo nur die Einwahlkosten in das Internet (Telefonkosten) bzw. die vertraglich festgelegten Kosten des von ihm verwendeten Onlinedienstes bzw. Internetproviders.
- Ausgabe der Informationen auf das Mobiltelefon: Dem Nutzer entstehen Kosten durch seinen Mobilfunkanbieter. In Abhängigkeit vom verwendeten Mobilfunkanbieter sind die Kosten variabel und liegen derzeit bei rd. 0,19 €/E-Mail. Beim Empfang im Ausland entstehen zusätzliche ‚Roaming-Gebühren'.

Kontakt

- Weiterentwicklung von ELWIS: Michael Brunsch (WSD Südwest) michael.brunsch@wsv.bund.de
- Informelle, thematische Anfragen: Beate Weinel (WSD Südwest) info@elwis.de
- Technische Probleme mit ELWIS: Jörg Dittmar (DLZ-IT der BVBS) webmaster@elwis.de

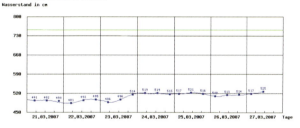

Beispiel: Wasserstand in Karlsruhe-Maxau

Wasserstände mit Niedrigwasservorhersage, Hochwasserberichten und Eislage bei Bedarf

Aufgabe

Die Wasser- und Schifffahrtsverwaltung des Bundes unterhält gemäß § 35 Bundeswasserstraßengesetz einen eigenen Wasserstandsmeldedienst und im Benehmen mit den Ländern einen Hochwassermeldedienst.

Hörfunk

Rundfunk	Programm/Sender	Zeit
WDR	Langenberg 88,8 MHz	6:30
WDR	Kleve 99,7 MHz	7:30
SWR 4	Freiburg und Tübingen [2]	6:05 7:15
SWR 4	Rheinland-Pfalz (Mainz)	6:30 [1]
SWR 4	Stuttgart	6:05 [1] 6:30 [1]

1) täglich außer sonntags   2) im täglichen Wechsel

Videotext ARD und ZDF

täglich ab etwa 10:00 Uhr
- ARD-Tafel 192 Wasserstände aller Bundeswasserstraßen
- ARD-Tafel 193 Wasserstandsvorhersage Elbe, Saale, UHW, Rhein (siehe Seite 19)
- ARD-Tafel 194 Tauchtiefen und Fahrrinnentiefen Elbe, Saale, UHW
- ARD-Tafel 194 Sperrungen
- ZDF-Tafeln 195 - 197 Wasserstände aller Bundeswasserstraßen
- WDR-Tafel 170 Wasserstände des Rheins in NRW
- SWR-Tafel 800 - 804 Wasserstände im Hochwasserfall.

Nautischer Informationsfunk NIF

Wasserstände: siehe Seiten 18 - 33
Wasserstandsvorhersage Rhein: siehe Seite 19
Wasserstandsvorhersage Elbe: siehe Seite 24

Faxabruf

Herausgeber	Wasserstraße	Tag	Tel.-Nr.
WSA Minden	Rhein, Neckar, Main, Mosel, Lahn, Weser, Werra, Aller, Leine, Saale, Oder, Elbe	täglich [1]	(05 71) 64 58 15 14
WSA Duisburg-Rhein	Rheingebiet, Donau	täglich	(02 06 6) 5 46 17
WSD Süd	Rhein, Neckar, Lahn, Mosel, Saar, Main, Main-Donau-Kanal, Donau	täglich	(0 18 05) 25 76 75

1) Der Faxabruf ist kostenlos.

Die Faxnachricht kann beim jeweiligen Herausgeber unter Telefax 400 der Deutschen Telekom kostenpflichtig abonniert werden.

Internet

www.elwis.de (siehe Seite 6), Rubrik „Gewässerkundliche Nachrichten" mit aktuellen Wasserständen und Niedrigwasservorhersagen für Rhein, Donau, Elbe, Saale, Untere-Havel-Wasserstraße.

Internationale Internetadressen auf Seite 36

Telefonansagepegel im Rhein- und Donau-Gebiet

Wasserstand zur Zeit des Anrufs und die letzten drei Terminwerte (5:00, 13:00, 21:00 Uhr)

Wasserstraße	Pegel	Vorwahl	Anschluss
Rhein	Basel-Rheinhalle (CH)	00 41 61	6 91 05 67
	Plittersdorf	0 72 22	90 23 49
	Karlsruhe-Maxau	07 21	1 94 29
	Speyer	0 62 32	1 94 29
	Mannheim	06 21	1 94 29
	Worms	0 62 41	1 94 29
	Mainz	0 61 31	1 94 29
	Oestrich	0 67 23	1 94 29
	Bingen	0 67 21	1 94 29
	Kaub	0 67 74	1 94 29
	Koblenz	02 61	1 94 29
	Andernach	0 26 32	1 94 29
	Oberwinter	0 22 28	1 94 29
	Bonn	02 28	1 94 29
	Köln	02 21	1 94 29
	Düsseldorf	02 11	1 94 29
	Duisburg-Ruhrort	02 03	1 94 29
	Wesel	02 81	1 94 29
	Emmerich	0 28 22	1 94 29
Neckar	Plochingen	0 71 53	1 94 29
	Gundelsheim	0 62 69	1 94 29
	Lauffen	0 71 33	1 94 29
	Mannheim	06 21	1 94 28
Main [1]	Raunheim	0 61 42	1 94 29
	Frankfurt-Osthafen	0 69	1 94 29
	Krotzenburg	0 61 86	1 94 29
	Obernau	0 60 28	1 94 29
	Kleinheubach	0 93 71	1 94 29
	Faulbach	0 93 92	1 94 29
	Wertheim	0 93 42	1 94 29
	Steinbach	0 93 52	1 94 29
	Würzburg	09 31	1 94 29
	Astheim	0 93 81	1 94 29
	Schweinfurt	0 97 21	1 94 29
	Trunstadt	0 95 03	1 94 29
Mosel	Perl	0 68 67	1 94 29
	Stadtbredimus (L)	0 03 52	69 77 41
	Trier	06 51	1 94 29
	Ruwer	06 51	1 94 28
	Zeltingen	0 65 31	1 94 29
	Cochem	0 26 71	1 94 29
	Koblenz	02 61	1 94 29
Saar	SB-St.Arnual	06 81	1 94 29
	Fremersdorf	0 68 61	1 94 29
Lahn	Leun	0 64 73	1 94 29
	Diez	0 64 32	1 94 29
	Kalkofen	0 64 39	1 94 29
MDK	Bamberg [1]	09 51	1 94 29
	Riedenburg [2]	0 94 42	1 94 29
Donau [2]	Kelheimwinter	0 94 41	1 94 29
	Oberndorf	0 94 05	1 94 29
	R-Eiserne Brücke	09 41	1 94 28
	R-Schwabelweis	09 41	1 94 29
	Pfatter	0 94 81	1 94 29
	Straubing	0 94 21	1 94 29
	Pfelling	0 94 22	1 94 29
	Deggendorf	09 91	1 94 29
	Hofkirchen	0 85 45	1 94 29
	Vilshofen	0 85 41	1 94 29
	Passau-Donau	08 51	1 94 29
	Passau-Ilzstadt	08 51	1 94 28

1) Terminwerte 5:00, 21:00 und 0:00 Uhr
2) Terminwerte 7:00, 21:00 und 0:00 Uhr

Ansagepegel im Weser-, Elbe-, und Odergebiet:
siehe Seite 14

Anhang 6: Merkblatt Verkehrssicherungssysteme

Allgemeines zum Melde- und Informationssystem Binnenschifffahrt (MIB)

Zweck
Verbesserung des Verkehrsablaufs auf Wasserstraßen durch
- Datenaustausch zwischen den Betriebsstellen
- elektronisches Verkehrstagebuch auf Schleusen
- Datenaustausch zwischen den Schleusen und den WSÄ.

Auswertung des elektronischen Verkehrstagebuches zur Optimierung des Schleusenbetriebes.

Meldepflicht
Alle Fahrzeuge, außer Fähren und Kleinfahrzeuge

Wer meldet?
Schiffsführer, Schiffseigner oder Verlader

An wen wird gemeldet?
Über NIF, schriftlich oder elektronisch an die Betriebsstelle in deren Bereich man sich gerade befindet oder darauf zu fährt (nur einmal).

Welche Daten enthält die Meldung?
a. Schiffsart
b. Schiffsname
c. Standort, Fahrtrichtung
d. Amtliche Schiffsnummer, bei Seeschiffen IMO-Nr.
e. Tragfähigkeit
f. Länge und Breite des Fahrzeugs
g. Art, Länge und Breite des Verbandes
h. Tiefgang (nur auf besondere Aufforderung)
i. Beladungszustand (leer oder beladen)
j. Voraussichtliche Ankunft an den Schleusen.

Weitere Meldungen
Über NIF an den Meldepunkten in jeder Fahrtrichtung vor jeder Schleuse (Tafelzeichen B.11), jedoch nur die o.g. Angaben zu Buchstabe a bis d.

Welche Daten werden erfasst?
einmalig:
- die Daten a – j der Meldung
- die tatsächlichen Ankunftszeiten im Schleusenbereich
- die Einfahrtszeiten in die Schleusen
- die Ausfahrtzeiten aus den Schleusen.

Was geschieht mit den Daten?
- Eintrag in das elektronische Verkehrstagebuch auf Schleusen
- Weiterleiten an die nächste Betriebsstelle mit der Fahrt des Fahrzeuges durch elektronischen Datenaustausch
- Die festen Schiffsdaten und die Durchfahrtszeiten an Schleusen werden archiviert.

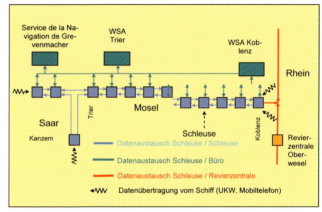

Datenfluss in MIB am Beispiel der Mosel

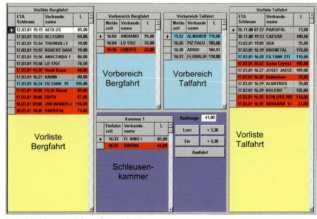

MIB-Bildschirmansicht auf einer Schleuse

Erweiterte Meldepflicht für Transporte mit gefährlichen Ladungen bzw. besonderen Abmessungen

Zweck
Erfassen und Vorhalten von Transportdaten zur Weitergabe bei Havarien an die Rettungsdienste und die für die Gefahrenabwehr zuständigen Stellen. Dadurch schnelles und zweckmäßiges Handeln bei Unfällen zum Schutz der Schiffsbesatzungen, der Bevölkerung und der Umwelt.

Meldepflichtige Fahrzeuge und Verbände

Fahrzeuge und Verbände	§ 12.01, 6a RheinSchPV	§ 12.01, 6b RheinSchPV	§ 12.01, 6c RheinSchPV	§ 11.15 BinSchStrO	§ 14.15 BinSchStrO	§ 15.15 BinSchStrO	§ 20.15 BinSchStrO	§ 9.05 MoselSchPV
	Strecken							
	Rhein:[1] Basel bis Lauterburg	Rhein: Lauterburg bis Gorinchem	Rhein: Pannerden bis Krimpen am Lek	Untermain	Schifffahrtsweg Rhein-Kleve	Ruhr, RHK, WDK, DHK, DEK, KK	Saar (Schleuse Kanzem)	Mosel
alle Fahrzeuge und Verbände, die dem ADN unterliegen	●	●	●	●	●	●	●	●
Tankschiffe (auch solche, die nicht dem ADN unterliegen)	●	●	●	●	●	●	●	●
Kabinenschiffe	●	●	●	●	●	●	●	●
Seeschiffe	●	●	●	●	●	●	●	●
Sondertransporte nach § 1.21	●	●	●	●	●	●	●	●
Fahrzeuge über 110 m Länge	●	●	●					
Verbände über 140 m Länge und 15 m Breite, die dem ADN nicht unterliegen		●	●					
Verbände über 140 m Länge, die dem ADN nicht unterliegen				●		●		
Verbände über 110 m Länge und 12 m Breite, die dem ADN nicht unterliegen			●					
Fahrzeuge und Verbände, die mehr als 20 Container an Bord haben	●	●	●					

[1] Nach Artikel 2 Ziffer 1 lit. a der schweizerischen Verordnung über die Inkraftsetzung der Schifffahrtspolizeiverordnung Basel – Rheinfelden findet der § 12.01 RheinSchPV auch auf dem Rhein zwischen der Straßenbrücke Rheinfelden (km 149,22) und der Mittleren Rheinbrücke in Basel Anwendung. Damit erstreckt sich die Meldepflicht nach oberstrom bis nach Rheinfelden.

Wer meldet?
Schiffsführer, hilfsweise der Schiffseigner oder Verlader, an die zuständige Revierzentrale. Letztendlich verantwortlich ist der Schiffsführer.

An wen wird gemeldet?
Erstmeldung an die Revierzentrale oder Schleuse, in deren Bereich eingefahren wird oder bei der die Reise beginnt; alle anderen Meldungen an die für den jeweiligen Standort des Fahrzeuges zuständige Revierzentrale bzw. auf der Mosel an die Schleuse, in deren UKW-Bereich sich das Fahrzeug befindet.

Wie wird gemeldet?
1. Vor oder bei Einfahrt in das Meldegebiet über
   - Nautischen Informationsfunk (NIF)
   - Telefax
   - Telefon
   - elektronisch (BICS, siehe Seite 14).

   Gefährliche Stoffe in Containern über BICS. Auf der Mosel ist für Transporte von mehr als zwei verschiedenen Gefahrgütern für die MIB-Erstmeldung die schriftliche Form vorgeschrieben. Für den Rhein wird dies empfohlen.
2. Alle anderen Meldungen (z.B. Standorte) über NIF.

Anhang 6: Merkblatt Verkehrssicherungssysteme

Welche Daten werden gemeldet?

a   Schiffsart
b   Schiffsname
c   Standort, Fahrtrichtung (zu Berg, zu Tal)
d   Amtliche Schiffsnummer, bei Seeschiffen IMO-Nr.
e   Tragfähigkeit
f   Länge und Breite des Fahrzeuges
g   Art, Länge und Breite des Verbandes
h   Tiefgang (nur auf besondere Aufforderung)
i   Fahrtroute
j   Beladehafen
k   Entladehafen
l   bei Gefahrgütern nach ADN:
   - die UN-Nummer oder Stoffnummer
   - die offizielle Benennung für die Beförderung, sofern zutreffend ergänzt durch die technische Bezeichnung
   - die Klasse, der Klassifizierungscode und ggf. die Verpackungsgruppe
   - die Gesamtmenge der gefährlichen Güter, für die diese Angaben gelten,
   bei anderen Gütern:
   - die Art der Ladung (Stoffname, Stoffmenge)
m   0, 1, 2, 3 blaue Lichter / blaue Kegel
n   Anzahl der an Bord befindlichen Personen
o   Anzahl der an Bord befindlichen Container

Stückgutschiffe mit geringen Mengen Gefahrgut (Freimengen)

Dem ADN und der Meldepflicht unterliegen:

auch   Schiffe mit kleinsten Mengen gefährlicher Güter in Tanks, Tankcontainern und Tankfahrzeugen

nicht   Schiffe mit gefährlichen Gütern ausschließlich in Versandstücken, wenn die Bruttomasse dieser Güter die in 1.1.3.6 des ADN angegebenen Werte nicht überschreitet.

Muster des Meldeformulars

Wann werden die Daten gemeldet?

Anlass	Daten (siehe oben)
spätestens vor Einfahrt in das Meldegebiet oder vor Antritt einer Fahrt innerhalb eines Meldegebietes	a - n
bei Einfahrt in das Meldegebiet (auch wenn die Daten vorab übermittelt wurden)	a - c
bei Ausfahrt aus dem Meldegebiet	a - c
bei Vorbeifahrt an den mit Tafelzeichen B.11 bezeichneten Meldepunkten	a - c
Bei Fahrtunterbrechung von mehr als 2 Stunden - Beginn der Unterbrechung - Ende der Unterbrechung	 a - c a - c
Änderungen der gemeldeten Daten während der Reise	a - c und ggf. g, i, l, m, n

Datenaustausch der Zentralen und Schleusen

ist innerhalb von Deutschland sowie mit den Nachbarstaaten eingerichtet (Seite 12). Standortmeldungen an den Grenzen der Verkehrsgebiete (siehe Seiten 18 - 22, 28 - 29) sind erforderlich.

Meldeformular

Als Hilfe für die Abgabe der Meldung erhältlich über das Internet in ELWIS (www.elwis.de, Rubrik Schifffahrtsrecht) als pdf-Datei. Ein ausgefülltes Formular ist oben abgedruckt.

Datenschutz

Die gespeicherten Daten werden im Bedarfsfall nur den Stellen zugänglich gemacht, die unmittelbar bei der Gefahrenabwehr und Rettung tätig sind. Die Reise- und Ladungsdaten der Schiffe werden nach jeder Reise gelöscht.

11

97

Verbindung zu den Meldezentralen in den Niederlanden, in Frankreich und in der Schweiz (MIB)

NIEDERLANDE

Name des Systems
Informatie en Volg Systeem 90 (IVS 90)

Name der Meldestelle
Verkehrspost Nijmegen

Meldepflichtige Fahrzeuge und Verbände unterhalb von Emmerich
siehe Tabelle auf Seite 10, Spalten 2 und 3

Übergabestelle zwischen D und NL
Spyk / Lobith

Meldepunkte in den Niederlanden
Tafelzeichen B.11 RheinSchPV (VHF ...) mit Zusatztafel „IVS 90"

Datenaustausch
Eingerichtet zwischen Revierzentrale Duisburg und Verkeerspost Nijmegen

Standortmeldungen beim Grenzübergang
siehe Tafelzeichen B.11; nur Anmeldung bei der jeweiligen Einfahrt erforderlich, Abmeldung nicht erforderlich

Bergfahrer
Meldung in D bei der Passage von Lobith (km 865) auf UKW-Kanal 18 (Rufname „Duisburg Revierzentrale")

Talfahrer
Meldung in NL bei der Passage von Spyk (km 858) auf UKW-Kanal 64 (Rufname „Millingen infopost")

Grenzstatistik
Alle Schiffe, ausgenommen Kleinfahrzeuge, müssen ihre Schiffs- und Ladungsdaten für die niederländische Grenzstatistik melden. Schiffe, die § 12.01 RheinSchPV unterliegen, also schon im Meldesystem MIB/IVS90/BICS gemeldet haben, brauchen sich für die Grenzstatistik nicht noch einmal zu melden. Die Meldungen für die Grenzstatistik werden bei der Passage von Rhein-km 865,0 auf UKW-Kanal 19 (Rufname „CBS Lobith") erbeten.

Verkeerspost Nijmegen
Betriebszeiten
täglich von 0:00 - 24:00 Uhr
Erreichbarkeit
NIF: UKW-Kanal 64, Rufname je nach Standort des Rufenden „Millingen infopost" oder „Nijmegen post"
Briefanschrift: Rijkswaterstaat, directie Oost-Nederland, Verkeerspost Nijmegen, Winselingseweg 100,
NL-6541 AH Nijmegen
Telefon +31 24 3 43 56 10
Telefax +31 24 3 73 27 12
verkeerspost.nijmegen@don.rws.minvenw.nl

FRANKREICH (RHEIN)

Name des Systems
Obligation d´Annonce des Matières Dangereuses

Name der Meldestelle
Centre d`Alerte Rhénan et d´Informations nautiques de Gambsheim (CARING Gambsheim)

Meldepflichtige Fahrzeuge und Verbände oberhalb von Lauterburg
siehe Tabelle auf Seite 10, Spalte 1

Übergabestelle zwischen D und F
Lauterburg (km 352)

Meldepunkte in Frankreich
Tafelzeichen B.11 RheinSchPV (VHF 19)

Datenaustausch
eingerichtet zwischen Revierzentrale Oberwesel und CARING Gambsheim

Standortmeldungen an der Übergabestelle
siehe Tafelzeichen B.11 (Grenze D/F)

Bergfahrer
Meldung in F bei der Passage von Lauterburg (km 352) auf UKW-Kanal 19 (Rufname „CARING Gambsheim")

Talfahrer
Meldung in D bei der Passage von Lauterburg (km 352) auf UKW-Kanal 22 (Rufname „Oberwesel Revierzentrale")

CARING Gambsheim
Betriebszeiten
täglich von 0:00 - 24:00 Uhr
Erreichbarkeit
NIF: UKW-Kanal 19, Rufname "CARING Gambsheim"
Briefanschrift: CARING Gambsheim, Ecluses de Gambsheim, F-67760 Gambsheim
Telefon +33 3 88 59 76 59
Telefax +33 3 88 59 76 39
Tonbandansage:
- französisch: +33 3 88 59 76 41
- deutsch: +33 3 88 59 76 42
caring@equipement.gouv.fr

SCHWEIZ

Name des Systems
Melde- und Informationssystem (MIB)

Name der Meldestelle
Revierzentrale Basel

Meldepflichtige Fahrzeuge und Verbände oberhalb Rhein-km 174 (Märkt)
siehe Tabelle auf Seite 10, Spalte 1

Übergabestelle zwischen F und CH
Märkt (km 174)

Datenaustausch
Eingerichtet zwischen Revierzentrale Basel und CARING Gambsheim

Meldungen an der Übergabestelle
siehe Tafelzeichen E.21/B.11 (km 174)

Bergfahrer
Alle meldepflichtigen Fahrzeuge zu Berg melden sich beim Passieren des Meldepunktes Märkt jeweils bei CARING über UKW-Kanal 19. Die übrigen Meldungen gemäß der bestehenden Meldepflicht sind der RvZ Basel über UKW-Kanal 18 mitzuteilen. Zu den Zeiten, wo die RvZ Basel nicht besetzt ist, haben diese Meldungen bis spätestens 8:00 Uhr am ersten Morgen des folgenden Arbeitstages der RvZ Basel zu erfolgen.

Talfahrer
Alle meldepflichtigen Fahrzeuge zu Tal, bei denen die Abfahrt außerhalb der Betriebszeiten der RvZ Basel erfolgen wird, melden sich jeweils vorher bei der RvZ Basel über UKW-Kanal 18 ab. Sobald diese Fahrzeuge den Meldepunkt Märkt passieren, melden sie sich bei CARING über UKW-Kanal 19 an.

Revierzentrale Basel
Betriebszeiten
montags bis freitags 5:00 - 21:00 Uhr,
samstags 5:00 - 13:00 Uhr
Erreichbarkeit
NIF: UKW-Kanal 18, Rufname "Basel Revierzentrale"
Briefanschrift:
Schweizerische Rheinhäfen (SRH),
Postfach, CH-4019 Basel

Telefon +41 61 6 39 95 30
Telefax +41 61 6 31 45 22
revierzentrale@portof.ch

12

Anhang 6: Merkblatt Verkehrssicherungssysteme

Geltungsbereich
§ 12.01 RheinSchPV
§ 9.05 MoselSchPV

LUXEMBURG (MOSEL)

Name des Systems
Obligation d´Annonce des Matières Dangereuses

Name der Meldestellen
Schleuse Grevenmacher
Schleuse Stadtbredimus/Palzem

Meldepflichtige Fahrzeuge und Verbände zwischen Metz und Apach
siehe Tabelle auf Seite 10, Spalte 4

Meldepunkte in der deutsch-luxemburgischen Strecke
Tafelzeichen B.11 MoselSchPV

Datenaustausch
eingerichtet zwischen Schleuse Trier und Schleuse Grevenmacher

Standortmeldungen beim Grenzübergang
Nicht erforderlich, Datenaustausch erfolgt zwischen den Schleusen in D und L automatisch

FRANKREICH (MOSEL)

Name des Systems
Obligation d´Annonce des Matières Dangereuses

Name der Meldestelle
Ecluse Koenigsmaker

Meldepflichtige Fahrzeuge und Verbände zwischen Metz und Apach
siehe Tabelle auf Seite 10, Spalte 4

Übergabestelle zwischen L und F
Apach Mosel-km 242,2

Meldepunkte in Frankreich
Tafelzeichen B.11 MoselSchPV

Datenaustausch
eingerichtet zwischen Schleuse Stadtbredimus/Palzem und Schleuse Koenigsmaker

Standortmeldungen beim Grenzübergang
siehe Tafelzeichen B.11 (Grenze L/F)

Erreichbarkeit der Meldestellen an der Mosel: siehe Seite 29

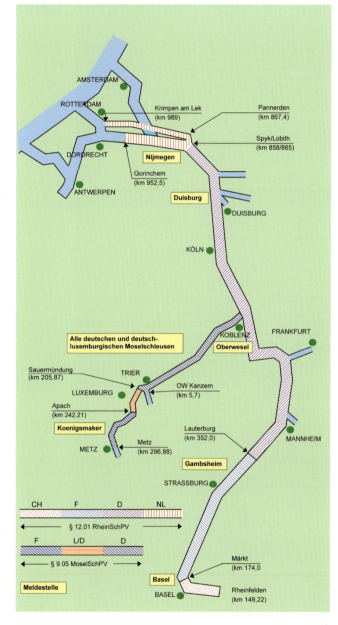

Elektronisches Melden mit BICS

Allgemeines

Die niederländische Wasserstraßenverwaltung Rijkswaterstaat hat ein elektronisches System entwickelt, mit dem die MIB-Meldungen über Computer und Mobiltelefon an die Revierzentralen übermittelt werden können. Das Programm BICS (Binnenvaart Informatie en Communicatie Systeem) für die Dateneingabe und Absendung liegt auch in deutscher Sprache vor. Rijkswaterstaat stellt das BICS-Programm dem europäischen Schifffahrtsgewerbe kostenlos zur Installation auf Büro- und Bordcomputern zur Verfügung. Die Wasser- und Schifffahrtsverwaltung des Bundes betreibt in der Fachstelle der WSV für Verkehrstechniken (FVT) in Koblenz einen Rechner, der die BICS-Meldungen von den deutschen Wasserstraßen und vom schweizerisch-deutschen Rhein bei Basel annimmt und automatisch an die jeweils zuständige Revierzentrale weiterleitet. Die vorgeschriebenen Standortmeldungen im MIB werden allerdings weiterhin über den Nautischen Informationsfunk erbeten.

Anmeldung und Lieferung des BICS-Programms

Die Direktion Zeeland des Rijkswaterstaat liefert das BICS-Programm in deutscher Sprache aus. Dabei wird wie folgt vorgegangen:

- Der Nutzer fordert das Programm BICS bei der Direktion Zeeland des Rijkswaterstaat an.
- Rijkswaterstaat prüft die Berechtigung zum Zugang zum System und sendet die Anmeldedaten an die FVT Koblenz, so dass der Nutzer dort registriert ist.
- Rijkswaterstaat übersendet dem Antragsteller die BICS-Software auf CD-ROM per Post und teilt im Anschreiben die benötigten Kennwörter und Einträge in das Installationsprogramm mit.
- Der Nutzer installiert das BICS-Programm anhand der Installationssoftware in deutscher Sprache.
- Der Nutzer nimmt mit der erstmaligen Meldung eines MIB-Transportes über Computer das Programm in Betrieb. Die Anwahlnummer über Festnetz oder Mobilfunk ist in das BICS-Programm integriert. Es genügt, in der Eingabemaske alle Felder auszufüllen und die Daten an die für die Reise zuständige Revierzentrale abzusenden. Außer den Telefongebühren (Festnetz bzw. Mobilfunk) fallen keine weiteren Gebühren an, da kein Internet-Provider benötigt wird.

Information:
www.bics.nl

Adresse:
Das BICS-Programm kann bei folgender Adresse angefordert werden:
Rijkswaterstaat Zeeland
Abteilung Schifffahrt (VV)
Postfach 5014, NL-4330 KA Middelburg, Niederlande
Telefon: +31-(0)1 18-68 63 54 oder 68 63 53
Telefax: +31-(0)1 18-63 87 68

BICS-Hotline:
Telefon: +31-(0)10-2 88 63 90
Telefax: +31-(0)10-2 88 63 99

Ansagepegel im Weser-, Elbe- und Odergebiet

Wasserstand zur Zeit des Anrufs und die letzten vier Terminwerte (6:00, 12:00, 18:00, 0:00 Uhr). Ansagepegel im Rhein- und Donaugebiet auf Seite 8.

Wasserstraße	Pegel	Vorwahl	Anschluss
Weser	Intschede	0 42 33	1 94 29
	Porta	05 71	1 94 29
	Vlotho	0 57 33	1 94 29
	Rinteln	0 57 51	1 94 29
	Hameln	0 51 51	1 94 29
	Karlshafen	0 56 72	1 94 29
	Hann.-Münden	0 55 41	1 94 29
Elbe	Schöna	03 50 28	1 94 29
	Pirna	0 35 01	1 94 29
	Dresden	03 51	1 94 29
	Meißen	0 35 21	1 94 29
	Riesa	0 35 25	1 94 29
	Mühlberg	03 42 24	1 94 29
	Torgau	0 34 21	1 94 29
	Prezsch-Mauken	03 53 88	1 94 29
	Wittenberg/L.	0 34 91	1 94 29
	Dessau	03 40	1 94 29
	Aken	03 49 09	1 94 29
	Barby	03 92 98	1 94 29
	MD-Buckau	03 91	5 43 38 99
	MD-Strombrücke	03 91	1 94 29
	Rothensee	03 91	1 94 28
	Niegripp	03 92 22	1 94 29
	Tangermünde	03 93 22	1 94 29
	Wittenberge	0 38 77	1 94 29
	Lenzen	03 87 92	19 42 9
	Dömitz	03 87 58	1 94 29
	Neu-Darchau	0 58 53	1 94 29
	Boizenburg	03 88 47	1 94 29
	Hohnstorf	0 41 39	1 94 29
Saale	Halle/Trotha	03 45	1 94 29
	Bernburg	0 34 71	1 94 29
	Calbe	03 92 91	1 94 29
	Rischmühle	0 34 61	1 94 29
Untere Havel-WStr	Ketzin	03 32 33	1 94 29
	BRB-Vorstadtschl.	0 33 81	1 94 29
	Tiekow	0171	4 02 05 68
	Rathenow UP	0 33 85	50 34 57
	Albertsheim	03 38 72	1 94 29
	Havelberg-Stadt	03 93 87	1 94 28
Elbe-Havel-WStr	Zerben OP	03 93 44	1 94 29
Spree-Oder-WStr	Kersdorf	03 36 07	1 94 28
	Große Tränke	03 36 33	1 94 28
	B-Köpenick	0 30	65 48 15 69
	B-Mühlendamm	0 30	23 45 97 70
	B-Charlottenburg	0 30	3 81 92 68
Landwehrkanal	Unterschleuse	0 30	3 15 29 85
Teltowkanal	Kleinmachnow	03 32 03	1 94 28
Dahme-WStr	Neue Mühle	0 33 75	1 94 28
Havel-Oder-WStr	Spandau	0 30	3 33 92 83
	Lehnitz	0 33 01	80 70 38
	Niederfinow	0 33 62	7 06 00
Oder	Ratzdorf	03 36 52	71 68
	Eisenhüttenstadt	0 33 64	75 13 42
	Frankfurt/O.	03 35	32 23 05
	Kietz	03 34 79	44 06
	Kienitz	03 34 78	49 20
	Hohensaaten-Fin	03 33 68	4 46
	Hohensaaten-Schl	03 33 68	4 45
	Stützkow	03 33 38	7 02 52
	Schwedt-Brücke	0 33 32	2 22 03
	Schwedt-Schleuse	03 33 32	51 44 13
Westoder	Gartz	03 33 32	8 03 01
Müritz-Havel-WStr	Mirow Schleuse	03 98 33	2 01 60
Rheinsberger Gew.	Wolfsbruch Schl.	03 39 21	7 03 77

Lichtwahrschau in der Gebirgsstrecke des Rheins

Situation

Zwischen Oberwesel und St. Goar besteht auf 5 km Länge wegen des tief eingeschnittenen, stark gewundenen und engen Rheintales weder eine ausreichende Sicht noch eine direkte UKW-Sprechfunkverbindung von Schiff zu Schiff (UKW-Kanal 10). Je nach Art der beteiligten Fahrzeuge muss eine Begegnung in den Kurven vermieden werden. Dabei hat wegen der Strömung nur die **Bergfahrt** die Möglichkeit zu warten. Dazu muss sie aber wissen, ob und welche Schiffe ihr zu Tal entgegenkommen.

Regelung

In § 12.02 RheinSchPV ist die Wahrschauregelung beschrieben. Danach wird der Bergfahrt die **Annäherung von Talfahrern** – mit Ausnahme von Kleinfahrzeugen – an den Signalstellen C, D und E angezeigt. Jede dieser Signalstellen zeigt der Bergfahrt ihre Zeichen auf übereinander stehenden Feldern, die den einzelnen Teilstrecken zugeordnet sind. Die Kombination der weißen Lichtlinien symbolisiert die Art des Schiffes oder Verbandes (siehe Legende zur Skizze). Die Wahrschau ist 24 Stunden am Tag ganzjährig in Betrieb.

Beobachtung

Die Lichtsignale werden von der Revierzentrale aus geschaltet. Hierzu beobachtet der Wahrschauer die ganze Strecke auf Monitoren. Dies ermöglichen ihm 4 Landradarstationen, deren Bilder in die Revierzentrale übertragen werden. Der Wahrschauer ist über UKW-Kanal 18 ansprechbar.

UKW-Funkanlage

Um den Funkverkehr auf UKW-Kanal 10 auch in der kurvenreichen Wahrschaustrecke zu ermöglichen, bestehen Funkanlagen an Land in Oberwesel und in St. Goar, die über ein Kabel verbunden sind. Die an einem Ende der Strecke von den Schiffen gesendeten Funksprüche werden dort aufgenommen, über das Kabel zum anderen Ende der Strecke geleitet und dort wieder ausgestrahlt. Nach § 9.08 RheinSchPV signalisiert ein tiefer Ton von 1 Sek. Dauer den ordnungsgemäßen Betrieb der Funkanlage.

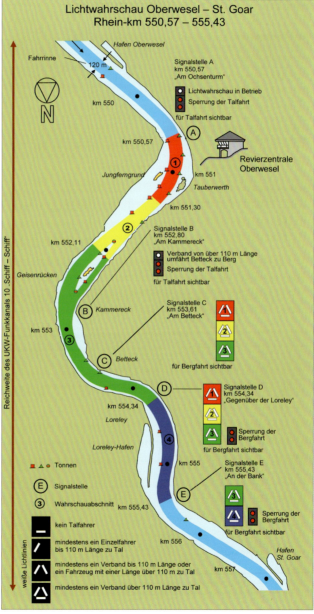

*Mitteilung der
Niederländischen Wasserstraßenverwaltung
Rijkswaterstaat*

Verkehrsbegleitung auf dem Rhein (Waal) zwischen Lobith und Dordrecht

Verkehrsposten

Zwischen Lobith und Dordrecht sind drei Verkehrsposten tätig, die u.a. Anrufe aus der Schifffahrt entgegennehmen und die Schifffahrt über den Zustand der Wasserstraße informieren. Die Verkehrsposten haben mittels Landradarstationen Sicht über das jeweilige Gebiet. Der Schiffsverkehr kann von den Verkehrsposten gelenkt werden. Die Verkehrsposten sind ständig besetzt.

Verkeerspost Nijmegen
Gebiet der Radarbeobachtung:
Waal-km 865 – 890,5
Adresse: siehe Seite 12

Verkeerspost Tiel
Der Verkehrsposten steht am Abzweig des Amsterdam-Rhein-Kanals.
Gebiet der Radarbeobachtung:
- Waal-km 905 – 916 (einschließlich Einmündung des Amsterdam-Rhein-Kanals)
- Waal-km 922 – 929 (Kurve St. Andries einschließlich Abzweig des St. Andrieser Kanals).

Adresse: Rijkswaterstaat, directie Oost-Nederland, Verkeerspost Tiel, Echteldsedijk 50, NL-4005 MA Tiel, Telefon: +31 3 44 61 96 72

Verkeerspost Dordrecht
Der Verkehrsposten begleitet die Schifffahrt rund um Dordrecht und an den Verkehrsbrücken und folgt einem Teil der Strecke von Rotterdam nach Antwerpen.
Adresse:
Rijkswaterstaat, directie Zuid-Holland, Verkeerspost Dordrecht, Van Leeuwenhoekweg 20, NL-3316 AV Dordrecht
Telefon: +31 78 6 32 25 00

Landradarstationen bei Nijmegen

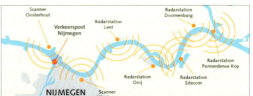

Funkstellen der Nautischen Information zwischen Lobith und Dordrecht

Wasserstraße	Bereich (km)	Rufname	Funktion	UKW-Kanal
Boven-Rijn	857,57 – 867,4	Millingen sector	Blockkanal [1]	10
	865,00	CBS Lobith	Grenzstatistik [2]	19
Waal	867,40	Millingen infopost (via Nijmegen post)	Allgemeine nautische Information	64
	867,40 – 881,50	Millingen sector	Blockkanal [1]	10
	881,50 – 890,50	Nijmegen sector	Blockkanal [1]	4
	887,00	Nijmegen post	Allgemeine nautische Information	64
	887,00	Weurtsluis	Schleuse im Maas-Waal-Kanal	18
	905,00 – 917,00	Tiel sector	Blockkanal [1]	69
	913,40	Tiel post	Allgemeine nautische Information	64
	913,00	Prins Bernharssluis	Eingangsschleuse zum Amsterdam-Rhein-Kanal	18
	921,00 – 931,00	St. Andries sector	Blockkanal [1]	68
	926,20	St. Andriessluis	Eingangsschleuse zum St.Andries Kanal	20
Boven Merwede	957,00	Grote Merwedesluis en Vekeersbrug	Brücke	18
	961,30	Werkendam Infopost (via Dordt post)	Allgemeine nautische Information	71
Beneden Merwede	971,30	Baanhoeksporbrug (via Dordt post)	Allgemeine nautische Information	71
	973,70	Papendrechtsebrug (via sector Dordt)	Blockkanal [1]	79
		Dordt post	Allgemeine nautische Information	71
	972,00 – 976,20	Dordt sector	Blockkanal [1]	79
Noord		Dordt post	Allgemeine nautische Information	71
	976,20 – 978,00	Dordt sector	Blockkanal [1]	79
Oude Maas	978,00	Dortse bruggen (via sector Dordt)	Blockkanal [1]	79
		Dordt post	Allgemeine nautische Information	71
	976,20 – 979,30	Dordt sector	Blockkanal [1]	79
	979,30 – 998,20	Heerjansdam sector	Blockkanal [1]	4
Dordtsche Kil	980,60 – 982,60	Heerjansdam sector	Blockkanal [1]	4
		Dordt post	Allgemeine nautische Information	71

1) Dieser Blockkanal gilt innerhalb eines bestimmten Gebietes als Funkverbindung gleichzeitig für die Verkehrskreise Schiff – Schiff (z. B. Kursabsprachen) und Nautische Information.
2) Siehe Seite 12

16

Anhang 6: Merkblatt Verkehrssicherungssysteme

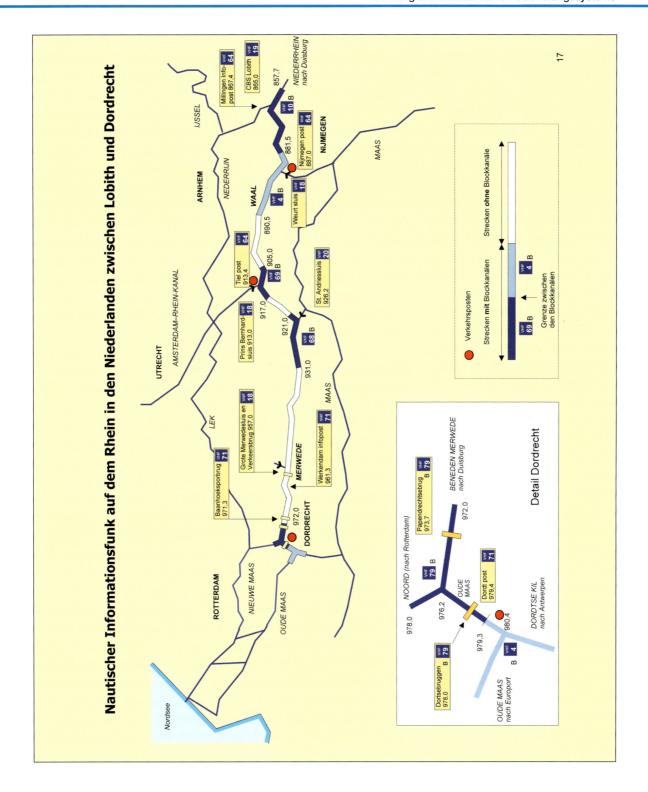

Verkehrsgebiet Niederrhein und westdeutsche Kanäle

Funkstellen (NIF)

Ortsfeste Funkstellen mit Anschluss an die Revierzentrale Duisburg

Funkstelle	Wasser-straße	Lage (km)	UKW-Kanal	Reichweite (km – km)
Köln [1]	Rhein		21	636,80 – 752,60
Neuss [1]	Rhein		23	699,30 – 760,60
Duisburg [1]	Rhein		18	742,70 – 806,30
Wesel [1]	Rhein		22	770,10 – 852,30
Emmerich [1]	Rhein, SRK		24	819,60 – 862,70
Ruhrschleuse [2]	Ruhr	2,70	78	0,00 – 5,00
Raffelberg Schleuse [2]	Ruhr	7,80	78	4,00 – 12,20
Meiderich Schleuse [2]	RHK	0,80	82	0,00 – 6,00
Oberhausen Schleuse [2]	RHK	5,50	81	5,00 – 18,00
Gelsenkirchen Schleuse [2]	RHK	23,10	79	16,00 – 30,00
Wanne-Eikel Schleuse [2]	RHK	31,10	78	25,00 – 37,00
Herne-Ost Schleuse [2]	RHK	37,20	22	32,00 – 45,60
Henrichenburg [2]	DEK	14,80	20	0,00 – 50,00
	RHK		20	40,00 – 45,60
	DHK		20	0,00 – 20,00
Münster Schleuse [2]	DEK	71,50	22	45,00 – 90,00
Bevergern [3]	DEK	109,00	20	88,00 – 112,00
Hamm Schleuse [2]	DHK	37,00	18	15,00 – 43,00
Werries Schleuse [2]	DHK	40,40	22	40,00 – 47,19
Datteln Schleuse [2]	WDK	59,50	78	55,00 – 60,25
Ahsen Schleuse [2]	WDK	55,80	82	42,00 – 60,25
Flaesheim Schleuse [2]	WDK	48,70	81	33,00 – 60,00
Dorsten Schleuse [2]	WDK	30,40	79	20,00 – 38,00
Hünxe Schleuse [2]	WDK	13,20	78	4,00 – 25,00
Friedrichsfeld Schleuse [2]	WDK	1,70	20	0,00 – 10,00
Rodde Schleuse [2]	DEK	112,50	18	111,00 – 115,00
Altenrheine Schleuse [2]	DEK	118,00	82	115,00 – 122,70
Venhaus Schleuse [2]	DEK	126,00	81	122,70 – 130,40
Hesselte Schleuse [2]	DEK	134,50	79	130,40 – 136,00
Gleesen Schleuse [2]	DEK	138,00	78	136,00 – 148,00
Hanekenfähr	DEK	141,00	22	
Varloh Schleuse [2]	DEK	158,00	20	148,00 – 161,00
Meppen Schleuse [2]	DEK	164,00	18	161,00 – 169,00
Hüntel Schleuse [2]	DEK	174,00	82	169,00 – 180,00
Hilter Schleuse [2]	DEK	186,00	81	180,00 – 190,50
Düthe Schleuse [2]	DEK	195,00	79	190,50 – 196,00
Bollingerfähr Schleuse [2]	DEK	207,00	78	196,00 – 209,00
Herbrum Schleuse [2]	DEK	212,50	22	209,00 – 225,50
Dörpen Schleuse [2]	KüK	64,80	25	54,00 – 69,50
Oldenburg Schleuse [2]	KüK	1,90	20	12,00 – 0,00

[1] Rufname „Duisburg Revierzentrale"

[2] Rufnamen „… Schleuse" und „Duisburg Revierzentrale"

[3] Rufnamen „Bevergern Schleuse", „Duisburg Revierzentrale" und „Minden Revierzentrale"

Melde- und Informationssystem Binnenschifffahrt (MIB)

Strecken
Rhein von Rolandseck (km 640) bis Lobith (km 865)

Ruhr

Rhein-Herne-Kanal

Wesel-Datteln-Kanal

Datteln-Hamm-Kanal

Küstenkanal

Dortmund-Ems-Kanal von Papenburg (km 225,82) bis Hafen Dortmund (km 1,44)

Schifffahrtsweg Rhein-Kleve (SRK)

Zuständigkeit
Die Revierzentrale Duisburg nimmt die Meldungen im MIB für die o. a. Strecken entgegen

Meldeanlässe im MIB
siehe Seite 11 links unten

Meldepunkte im MIB
Rolandseck
Duisburg
Wesel
Lobith (nur Bergfahrer)
Datteln
Bergeshövede
Mündung des Schifffahrtsweges Rhein-Kleve in den Rhein

Schleusenfunkstellen ohne Anschluss an die Revierzentrale Duisburg

Schleuse	Wasser-straße	Lage (km)	UKW-Kanal
Brienen	SRK	4,35	20
Oldersum	DEK	256,30	13 (Ems-Seitenkanal)

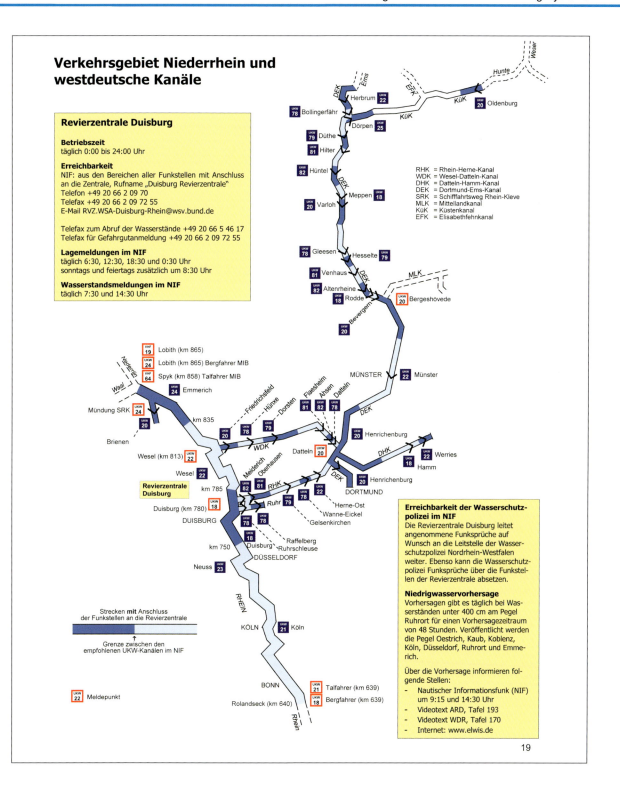

Verkehrsgebiet Ober- und Mittelrhein

Funkstellen (NIF)

Ortsfeste Funkstellen mit Anschluss an die Revierzentrale Oberwesel

Funkstelle	Wasserstraße	Lage (km)	UKW-Kanal	Reichweite (km – km)
Karlsruhe [1]	Rhein		22	317,40 – 385,00
Speyer [1]	Rhein		18	380,00 – 443,00
Gernsheim [1]	Rhein		22	426,40 – 500,00
Mainz [1]	Rhein		18	465,50 – 527,60
Bingen [1]	Rhein		22	499,00 – 543,00
Oberwesel [1]	Rhein		18	533,80 – 577,00
Koblenz [1]	Rhein		22	578,00 – 626,20
Brohl [1]	Rhein		18	608,00 – 644,00
Kostheim bis Mühlheim	Main		siehe Seite 32	
Feudenheim bis Heilbronn	Neckar		siehe Seite 30	
Alle Schleusen	Mosel und Saar		siehe Seite 28	

[1] Rufname „Oberwesel Revierzentrale"

[2] Rufnamen „Iffezheim Schleuse" und „Iffezheim Schiffszählstelle"

Schleusenfunkstellen der schweizerischen und französisch-deutschen Oberrheinstrecke

Schleuse	Rhein-km	UKW-Kanal	
Augst-Wyhlen	155,60	79	
Birsfelden	163,50	22	
Kembs	179,28	20	
Ottmarsheim	193,83	22	
Fessenheim	210,69	20	
Vogelgrün	224,73	22	
Marckolsheim	240,06	20	
Rhinau	256,33	22	
Gerstheim	272,42	20	
Straßburg	287,55	22	
Gambsheim	309,10	20	
Iffezheim [2]	334,00	18	309,40 – 372,00

Melde- und Informationssystem Binnenschifffahrt (MIB), Meldegebiet der Revierzentrale Oberwesel

Strecken
Rhein von Lauterburg (km 352) bis Rolandseck (km 640)
Main von Mainz (km 0) bis Hanau (km 57,9)

Zuständigkeit
Die Revierzentrale Oberwesel nimmt die Meldungen im MIB für die o.a. Strecken entgegen

Meldeanlässe im MIB
siehe Seite 11 links unten

Meldepunkte im MIB
Lauterburg
Mannheim (nur Wechselverkehr Rhein/Neckar)
Mainz (nur Wechselverkehr Rhein/Main)
Oberwesel
Koblenz (nur Wechselverkehr Rhein/Mosel)
Rolandseck
Hanau (Main)

Oberrhein zwischen Rheinfelden (km 149,22) und Märkt bei Basel (km 174,0)

Revierzentrale Basel, Schweiz, UKW-Kanal 18

Wasserstandsmeldungen im NIF: montags bis freitags um 7:30 und 14:30 Uhr, samstags um 7:30 Uhr, sonntags nur Meldungen bei Überschreiten der Hochwassermarke II.

Lagemeldungen im NIF: analog zu den Sendezeiten der Wasserstandsmeldungen, sofern welche vorliegen.

Not- und Dringlichkeitsmeldungen aus der Schifffahrt: Im Bereich der Revierzentrale Basel können auf der Strecke von Rheinfelden (km 149,2) bis Märkt (km 174,0) Notmeldungen (MAYDAY) und Dringlichkeitsmeldungen (PAN PAN) 24-stündlich auf UKW-Kanal 18 abgesetzt werden, da der Verkehrskreis Nautische Information außerhalb der Betriebszeit der Revierzentrale Basel (siehe Seite 12) von der Einsatzzentrale der Berufsfeuerwehr Basel-Stadt überwacht wird. *Es ist unbedingt darauf zu achten, dass außerhalb der Betriebszeiten der Revierzentrale Basel der UKW-Kanal 18 nur für Not- und Dringlichkeitsgespräche verwendet wird.*

Oberrhein zwischen Märkt bei Basel (km 174,0) und Lauterburg (km 352,0)

Zentrale: CARING Gambsheim, Frankreich, UKW-Kanal 19

Die Schifffahrtstreibenden müssen im Normalfall die Schleusenkanäle benutzen. Wenn jedoch CARING einen Aufruf „an Alle" senden möchte, wird es zuvor bitten, auf Kanal 19 zu schalten. Dazu wird es auf allen Schleusenkanälen dieses Bereichs aufrufen. Auch wenn ein Schifffahrtstreibender mit CARING Verbindung aufnehmen will, muss er dies über Kanal 19 tun. In beiden Fällen ist die Hörbereitschaft auf Kanal 19 so lange aufrecht zu erhalten, bis die beabsichtigte Meldung erfolgt ist.

MIB-Meldungen an CARING können auch über den Kanal 19 abgesetzt werden (siehe Seite 12).

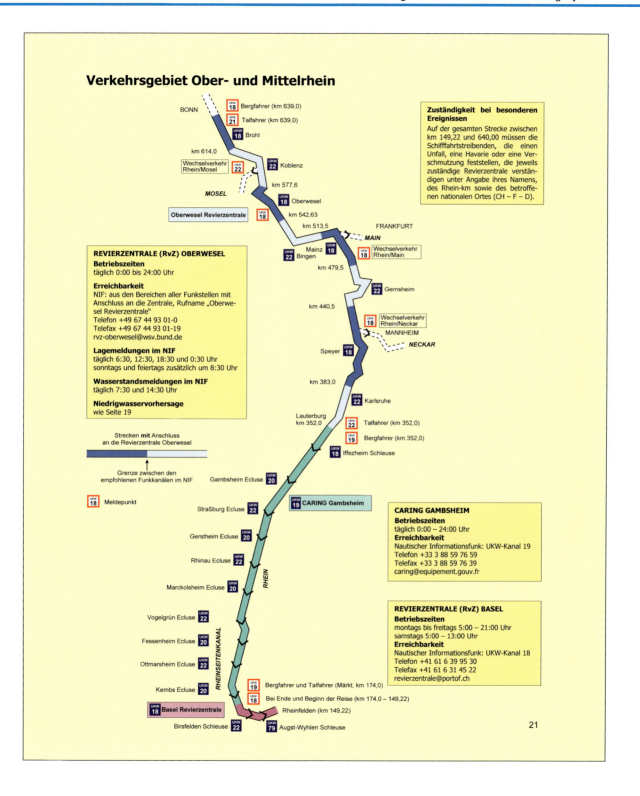

Anhang 6: Merkblatt Verkehrssicherungssysteme

Verkehrsgebiet Mittellandkanal, Elbe-Seitenkanal und Mittelweser

Funkstellen (NIF)

Ortsfeste Funkstellen mit Anschluss an die Revierzentrale Minden

Funkstelle	Wasser-straße	Lage (km)	UKW-Kanal	Reichweite (km – km)
Bevergern [5]	DEK	109,00	20	0,00 – 10,00
Hollage Schleuse [2]	SKO + MLK	7,20	78	9,00 – 40,00
Haste Schleuse [2]	SKO + MLK	12,70	78	9,00 – 40,00
Bad Essen [1]	MLK	102,90	79	39,00 – 86,00
Minden [4]	MLK		22	82,00 – 114,00
Nienbrügge [1]	MLK		81	110,00 – 140,00
Hannover-Linden [2]	MLK + SKL		82	133,00 – 168,00
Anderten Schleuse [2]	MLK	174,20	18	161,00 – 192,00
Bolzum Schleuse [2]	SKH + MLK	0,60	78	180,00 – 205,00
Wedtlenstedt Schleuse [2]	SKS + MLK	4,60	79	198,00 – 236,00
Üfingen Schleuse [2]	SKS + MLK	10,70	79	198,00 – 236,00
Sülfeld Schleuse [2]	MLK	236,90	20	226,40 – 261,00
	ESK		20	0,00 – 40,00
Velsdorf [6]	MLK	283,10	24	258,00 – 321,00
Rothensee	MLK	320,50	79	301,00 – 320,00
Uelzen Schleuse [2]	ESK	60,50	18	34,00 – 97,00
Lüneburg [3]	ESK	106,10	20	90,00 – 115,00
Minden [4]	Weser	206,20	22	198,00 – 215,00
Petershagen Schleuse [2]	Weser	213,10	20	210,00 – 233,00
Schlüsselburg Schleuse [2]	Weser	231,25	18	228,00 – 255,00
Landesbergen Schleuse [2]	Weser	250,20	27	242,00 – 278,00
Drakenburg Schleuse [2]	Weser	275,40	62	263,00 – 299,00
Dörverden Schleuse [2]	Weser	308,30	61	289,00 – 328,00
Langwedel Schleuse [2]	Weser	327,10	60	314,00 – 355,00
Hemelingen Schleuse [2]	Weser	362,00	20	

[1] Rufname „Minden Revierzentrale"

[2] Rufnamen „… Schleuse" und „Minden Revierzentrale"

[3] Rufnamen „Lüneburg Hebewerk" und „Minden Revierzentrale"

[4] Rufnamen „Minden Schachtschleuse", „Minden Oberschleuse", „Minden Unterschleuse" und „Minden Revierzentrale"

[5] Rufnamen „Bevergern Schleuse", „Duisburg Revierzentrale" und „Minden Revierzentrale"

[6] Anschluss der Funkstelle Velsdorf an die Revierzentrale Magdeburg und an die Revierzentrale Minden

Melde- und Informationssystem Binnenschifffahrt (MIB)
nicht eingerichtet

Schleusenfunkstelle ohne Anschluss an die Revierzentrale Minden

Schleuse	Wasser-straße	Lage (km)	UKW-Kanal
Hameln	Weser	134,80	20

Anhang 6: Merkblatt Verkehrssicherungssysteme

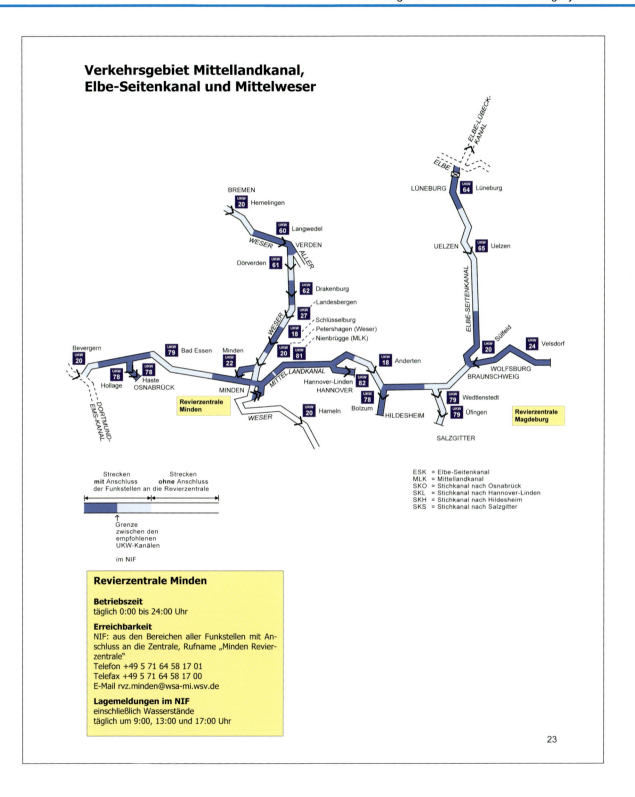

Anhang 6: Merkblatt Verkehrssicherungssysteme

Verkehrsgebiet Elbe - Oder

Funkstelle/Rufname (NIF)

Ortsfeste Funkstellen mit Anschluss an die Revierzentrale Magdeburg

Funkstelle	Wasserstraße	Lage (km)	UKW-Kanal	Reichweite (km – km)
Meldestelle Prossen	Elbe	12,1	19	
Prossen [1]	Elbe	12,1	22	0,00 – 24,00
Pirna [1]	Elbe	34,8	78	27,00 – 50,00
Dresden [1]	Elbe	58,0	79	39,00 – 80,00
Meißen [1]	Elbe	82,8	81	60,00 – 91,00
Mühlberg [1]	Elbe	127,0	82	92,00 – 154,00
Torgau [1]	Elbe	154,1	18	120,00 – 183,00
Wittenberg [1]	Elbe	215,2	20	181,00 – 246,00
Dessau [1]	Elbe	261,2	22	236,00 – 277,00
Barby [1]	Elbe	294,9	78	272,00 – 320,00
	Saale		78	0,00 – 17,00
Rothensee Schleuse	RVK	320,5	79	319,00 – 325,00
	Elbe		79	320,00 – 350,00
Wahrschauer Magdeburg	Elbe		18	
	MLK		79	301,00 – 320,00
Hohenwarthe Schleuse	MLK	325,1	26	314,00 – 324,00
	EHK		26	325,00 – 340,00
Velsdorf [2]	MLK	283,1	24	258,00 – 321,00
Tangermünde [1]	Elbe	389,2	81	355,00 – 414,00
Wittenberge [1]	Elbe	454,0	82	412,00 – 480,00
Hitzacker [1]	Elbe	522,8	18	503,00 – 550,00
Geesthacht Schleuse	Elbe	585,7	22	540,00 – 607,00
Calbe Schleuse	Saale	20,0	20	0,00 – 31,00
	Elbe		20	272,00 – 303,00
Bernburg Schleuse	Saale	36,12	60	18,00 – 52,00
Alsleben Schleuse	Saale	50,3	61	33,00 – 60,00
Rothenburg Schleuse	Saale	58,7	62	38,00 – 68,00
Wettin Schleuse	Saale	70,4	21	61,00 – 86,00
Büssau Schleuse	ELK	3,4	78	0,00 – 21,00
Donnerschleuse	ELK	20,7	79	13,00 – 51,00
Witzeeze Schleuse	ELK	50,4	79	13,00 – 51,00
Lauenburg Schleuse	ELK	59,9	22	47,00 – 61,00
	Elbe		22	540,00 – 607,00
Niegripp Schleuse	NVK (EHK)	0,8	22	330,00 – 350,00
Zerben Schleuse	EHK	345,4	20	338,00 – 359,00
Parey Schleuse	PVK (EHK)	0,8	78	340,00 – 380,00
Wusterwitz Schleuse	EHK	376,6	18	368,00 – 382,00
Ketzin [1]	UHW	34,0	79	9,00 – 45,00
	HvK		79	14,00 – 35,00
Vorstadtschleuse Brandenburg	UHW	55,6	20	36,00 – 66,00
Bahnitz Schleuse	UHW	82,0	04	62,00 – 67,00
Rathenow Schleuse	UHW	103,3	03	103,00 – 128,00
Grütz Schleuse	UHW	117,0	02	103,00 – 128,00
Garz Schleuse	UHW	131,4	01	104,00 – 128,00
Havelberg Schleuse	UHW	147,1	21	120,00 – 148,00
	Elbe		21	408,00 – 435,00
Schönwalde Schleuse	HvK	8,8	19	1,00 – 27,00
	HOW		19	7,00 – 12,00
Spandau Schleuse	HOW	0,58	23	1,00 – 14,00
	HvK		23	1,00 – 7,00
	UHW		23	1,00 – 10,00
Lehnitz Schleuse	HOW	28,6	18	1,00 – 46,00
	HvK		18	1,00 – 7,00
Schiffshebewerk Niederfinow	HOW	77,9	22	44,00 – 92,00
Hohensaaten Ostschleuse	HOW	92,66	20	69,00 – 82,00
Hohensaaten Westschleuse	HOW	92,87	20	69,00 – 82,00
	HoFriWa		20	93,00 – 110,00
Schwedt Schleuse	SQ (HOW)	0,43	18	102,00 – 123,00
	Oder		18	670,00 – 704,00
	Westoder		18	3,00 – 23,00
Kienitz [1]	Oder		60	
Frankfurt/Oder	Oder			
Plötzensee Schleuse	BSK	7,45	22	1,00 – 7,00
Charlottenburg Schleuse	SOW	6,34	82	0,00 – 12,00
	UHW		82	0,00 – 12,00
Mühlendamm Schleuse	SOW	17,8	20	
Wernsdorf Schleuse	SOW	47,6	62	35,00 – 55,00
Fürstenwalde Schleuse	SOW	74,75	22	60,00 – 90,00
Kersdorf Schleuse	SOW	89,73	82	76,00 – 100,00
Eisenhüttenstadt Schleuse	SOW	127,43	20	550,00 – 580,00
Woltersdorf Schleuse	RüG	3,78	79	0,00 – 11,00
Kleinmachnow Schleuse	TeK	8,34	18	
	UHW		18	6,00 – 14,00
Oberschleuse	LWK	10,57	78	
Unterschleuse	LWK	1,67	81	

[1] Rufname "Magdeburg Revierzentrale"
[2] Anschluss der Funkstelle Velsdorf an die Revierzentrale Magdeburg und an die Revierzentrale Minden

Revierzentrale Magdeburg

Betriebszeit
täglich 0:00 bis 24:00 Uhr

Erreichbarkeit
NIF: aus den Bereichen aller Funkstellen mit Anschluss an die Zentrale, Rufname „Magdeburg Revierzentrale"
Telefon +49 391 598 198 250/260
Telefax +49 391 598 198 252/262
Notfallmeldestelle +49 391 28 86 440
E-Mail rvz.wsa-md@wsv.bund.de

Lagemeldungen im NIF
täglich um 9:30, 13:30 und 17:30 Uhr

Wasserstandsmeldungen im NIF
Täglich die Pegelstände für Elbe und Saale sowie die Tauch- und Fahrrinnentiefen (siehe Seite 26) der Elbe, Saale, UHW, EHK und RvK um 8:30, 1:30 und 16:30 Uhr

Wasserstandsvorhersage im NIF
täglich um 6:00 Uhr für Elbe, Saale und UHW

Pegel der Wasserstandsvorhersage

Wasserstraße	Pegel	Vorhersagezeitraum in Tagen
Elbe	Schöna	1
	Dresden	1
	Riesa	1
	Torgau	2
	Wittenberg/L.	2
	Vockerode	2
	Dessau	2
	Aken	2
	Barby	3
	MD-Strombrücke	3
	MD-Rothensee	3
	Niegripp AP	3
	Tangermünde	4
	Wittenberge	4
	Dömitz	4
	Neu Darchau	4
	Boizenburg	4
	Hohnstorf	5
Saale	Trotha UP	1
	Bernburg UP	1
	Calbe UP	1
UHW	Havelberg-Stadt	4

Anhang 6: Merkblatt Verkehrssicherungssysteme

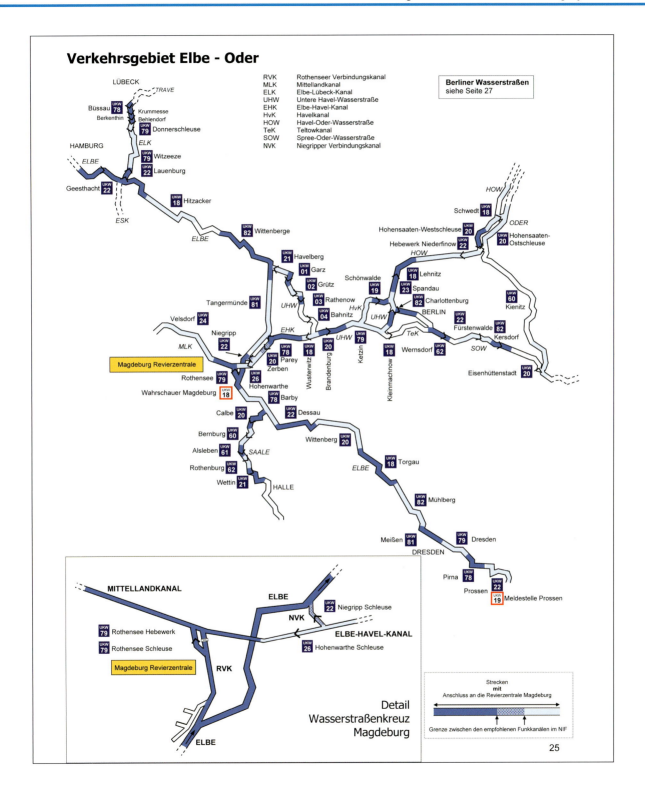

Anhang 6: Merkblatt Verkehrssicherungssysteme

Fahrrinnen-, Tauch- und Abladetiefen der WSD Ost

Allgemeines

Die WSD Ost veröffentlicht täglich die Tauchtiefen (T) bzw. Fahrrinnentiefen (F) verschiedener Wasserstraßen. Dabei sind die Hauptstrecken in bis zu drei Teilstrecken unterteilt, um regionale Verkehre mit größerer Abladung zu ermöglichen. Die veröffentlichten Tiefen beziehen sich für jede Strecke jeweils auf die Stelle mit der geringsten Fahrrinnentiefe (beladungsbestimmende Stelle). Die Wasser- und Schifffahrtsämter können, wenn es aus wirtschaftlichen Gründen erforderlich ist, weitere Teilstrecken einrichten und bekannt machen.

Die Tiefen sind über folgende Medien verfügbar:
- www.elwis.de, Rubrik „Nachrichten für die Binnenschifffahrt"
- Videotext ARD Tafel 194
- Nautischer Informationsfunk, siehe Seite 24

Beispiel einer täglichen Veröffentlichung in ELWIS
Werte vom 10.02.10, 7.00 Uhr

Nr.	Strecke	F/T/AT	Hauptstrecke	Teilstrecke a	b	c
Elbe						
1	Schöna bis Dresden	F	203			
2	Dresden bis Riesa	F	213			
3	Riesa bis Elstermündung	F	228			
4	Elstermündung bis Saalemündung	F	197	204	216	
5	Saalemündung bis R V K	F	230			
6	R V K bis Niegripp	F	284			
7	Niegripp bis Mühlenholz	F	243	294	254	
8	Mühlenholz bis Dömitz	F	217	-	262	
9	Dömitz bis Lauenburg	F	210	240	260	
-	Industriehafeneinfahrt Magdeburg	F	234			
Rothenseer-Verbindungskanal						
1	Schleuse bis Hafen-Trennungsdamm	F	364			
2	Hafen-Trennungsdamm bis Ausfahrt zur Elbe	F	274			
Saale						
1	Halle bis Calbe	F	209	247		
2	Calbe bis Mündung	F	228			
Untere-Havel-Wasserstraße bis Havelberg						
2	Rathenow bis Bahnitz	F	g			
3	Bahnitz bis Plaue	F	g			
Potsdamer Havel						
1	Abzweig aus UHW bis Töplitz	F	g			
2	Töplitz bis Einmündung in die UHW	F	g			
Oder						
1	Ratzdorf bis Frankfurt	F	g		-	-
2	Frankfurt bis Warthe-Mündung	F	g			
3	Warthe-Mündung bis Hohensaaten	F	g			
4	Hohensaaten bis Widuchowa	F	g		-	-
Verbindungskanal Hohensaaten Ost						
1	Schleuse Hosa bis Einmündung in die Oder	F	g			
Schwedter Querfahrt						
1	Schleuse Schwedt bis Mündung in die Oder	F	g			
Hohensaaten-Friedrichsthaler-Wasserstraße						
1	Hohensaaten bis Mescherin	T	g		-	-

Grenzen der Strecken

Nr.	Strecke	Hauptstrecke (km)	Teilstrecke a	b	c
Elbe					
1	Schöna bis Dresden	0,0 – 56,8			
2	Dresden bis Riesa	56,8 – 109,4			
3	Riesa bis Elstermündung	109,4 – 198,6			
4	Elstermündung bis Saalemündung	198,6 – 290,7	264,2 – 277,0	277,0 – 290,7	
5	Saalemündung bis RVK	290,7 – 332,8			
6	RVK bis Niegripp	332,8 – 343,9			
7	Niegripp bis Mühlenholz	343,9 – 422,8	343,9 – 354,5	354,5 – 371,5	
8	Mühlenholz bis Dömitz	422,8 – 502,25	422,8 – 454,9	454,9 – 502,25	
9	Dömitz bis Lauenburg	502,25 – 569,3	528,1 – 550,0	550,0 – 569,3	
-	Industriehafeneinfahrt Magdeburg	333,0 – 333,0			
Rothenseer Verbindungskanal (Neue Fahrt)					
1	Schleuse bis Hafen-Trennungsdamm	320,3 R – 323,6 R			
2	Hafen-Trennungsdamm bis Ausfahrt zur Elbe	323,6 R – 325,12 R			
Saale					
1	Halle bis Calbe	88,0 – 20,0	26,3 – 20,0		
2	Calbe bis Mündung	20,0 – 0,0			
Untere Havel-Wasserstraße					
2	Rathenow bis Bahnitz	103,3 – 82,0			
3	Bahnitz bis Plaue	82,0 – 67,3			
Potsdamer Havel					
1	Abzweig aus UHW bis Töplitz	0,0 – 6,0			
2	Töplitz bis Einmündung in die UHW	6,0 – 29,0			
Oder					
1	Ratzdorf bis Frankfurt	542,4 – 586,0	542,4 – 553,4	553,4 – 567,2	567,2 – 586,0
2	Frankfurt bis Warthemündung	586,0 – 617,6			
3	Warthemündung bis Hohensaaten	617,6 – 667,2			
4	Hohensaaten bis Widuchowa	667,2 – 704,1	667,2 – 677,5	677,5 – 697,0	697,0 – 704,1
Verbindungskanal Hohensaaten Ost					
1	Schleuse Hosa bis Einmündung in die Oder	92,0 – 93,0			
SQF					
1	Schleuse Schwedt bis Mündung in die Oder	0,0 – 3,0			
Hohensaaten – Friedrichsthaler Wasserstraße					
1	Hohensaaten bis Mescherin	92,5 – 135,3	123,5 – 125,4	125,4 – 134,96	

Anhang 6: Merkblatt Verkehrssicherungssysteme

Berliner Wasserstraßen

UHW	Untere Havel-Wasserstraße
HOW	Havel-Oder-Wasserstraße
TeK	Teltowkanal
SOW	Spree-Oder-Wasserstraße
HvK	Havelkanal
NeS	Neuköllner Schifffahrtskanal (Land Berlin)
BSK	Berlin-Spandauer Schifffahrtskanal
WHK	Westhafen-Kanal
BVK	Britzer Verbindungskanal
CVK	Charlottenburger Verbindungskanal
LWK	Landwehrkanal
MüS	Müggelspree
SeGo	Seddinsee-Gosener Kanal
DaW	Dahme-Wasserstraße
RüG	Rüdersdorfer Gewässer

Im Berliner Raum ist nur die Schleuse Charlottenburg (SOW) an die Revierzentrale Magdeburg angeschlossen. Dies schließt nicht aus, dass der Sender dieser Schleuse auch auf anderen Wasserstraßen in Berlin empfangen werden kann. Die anderen Schleusen sind über den jeweils angegebenen Kanal direkt erreichbar.

Anhang 6: Merkblatt Verkehrssicherungssysteme

Verkehrsgebiet Mosel und Saar

Funkstellen (NIF)

Ortsfeste Funkstellen mit Anschluss an die Revierzentrale Oberwesel

Funkstelle (Rufname)	Wasser-straße	Lage (km)	UKW-Kanal	Reichweite (km – km)
Koblenz Schleuse	Mosel	1,70	20	0,00 – 14,00
Lehmen Schleuse	Mosel	20,80	78	13,00 – 33,00
Müden Schleuse	Mosel	37,10	79	30,00 – 55,00
Fankel Schleuse	Mosel	59,40	81	52,00 – 68,00
St. Aldegund Schleuse	Mosel	78,30	82	68,00 – 102,00
Enkirch Schleuse	Mosel	103,00	18	93,00 – 119,00
Zeltingen Schleuse	Mosel	123,90	20	118,00 – 134,00
Wintrich Schleuse	Mosel	141,40	22	132,00 – 164,00
Detzem Schleuse	Mosel	166,80	78	155,00 – 178,00
Trier Schleuse	Mosel	195,80	79	178,00 – 205,00
Grevenmacher Schleuse/Ecluse	Mosel	212,90	18	203,00 – 221,00
Stadtbredimus-Palzem Schleuse/Ecluse	Mosel	229,90	20	220,00 – 242,00
Kanzem Schleuse	Saar	5,20	78	0,00 – 14,00
Serrig Schleuse	Saar	18,60	82	9,00 – 26,00
Mettlach Schleuse	Saar	31,50	18	22,00 – 54,00
Rehlingen Schleuse	Saar	54,20	20	42,00 – 60,00
Lisdorf Schleuse	Saar	64,90	22	57,00 – 70,00
Saarbrücken Schleuse	Saar	81,30	78	
Güdingen Schleuse	Saar	92,80	79	kein Anschluss

Verkehrserfassungssystem (MOVES)

Zweck und Allgemeines
siehe Seite 9

Rechtsgrundlage
§ 9.05 MoselSchPV,
§ 20.15 BinSchStrO

Strecken
- Mosel von Apach-Grenze (km 242,21) bis Koblenz (km 0),
- Saar von OW Kanzem (km 5,17 bis Mündung (km 0)

Zuständigkeit
alle Moselschleusen zwischen Stadtbredimus/Palzem und Koblenz sowie Schleuse Kanzem

MOVES-Erstmeldung
- Bergfahrer vom Rhein an Schleuse Koblenz
- Talfahrer von der Obermosel an Schleuse Stadtbredimus/Palzem
- Talfahrer von der Saar an die Schleuse Kanzem

Meldepunkte
wie für MIB

Datenaustausch
zwischen allen Schleusen

Schleusenfunkstellen an der Mosel auf französischem Gebiet

Schleuse	Lage (km)	UKW-Kanal
Apach Ecluse	242,43	20
Koenigsmaker Ecluse	**258,18**	**20**
Thionville Ecluse	269,79	20
Orne Ecluse	277,50	20
Talange Ecluse	283,52	20
Metz Ecluse	296,88	20
Ars-sur-Moselle Ecluse	306,73	20
Pagny-sur-Moselle Ecluse	318,22	20
Blénod Ecluse	331,49	20
Custines Ecluse	343,16	20
Clévant Ecluse	-	20
Pompey Ecluse	347,87	20
Aingeray Ecluse	355,82	20
Fontenoy-sur-Moselle Ecluse	363,80	20
Toul Ecluse	370,30	20
Villey-le-Sec Ecluse	379,80	20
Neuves Maisons Ecluse	392,36	20

Melde- und Informationssystem Binnenschifffahrt (MIB)

Zweck und Allgemeines: siehe Seiten 10 - 13

Strecken
- Mosel von Metz (km 296,88) bis Koblenz (km 0)
- Saar vom OW Kanzem (km 5,17) bis zur Mündung (km 0)

Zuständigkeit
Alle Moselschleusen zwischen Koblenz und Stadtbredimus/Palzem, Schleuse Kanzem (Saar), Schleuse Koenigsmaker (F, siehe Seite 13)

Meldeanlässe (siehe Seite 11 links unten)
<u>Erstmeldungen</u> werden abgegeben:
- für bergfahrende Schiffe vom Rhein an die Revierzentrale Oberwesel (Schiffe vom Rhein, die bereits im MIB erfasst sind, brauchen keine erneute Erstmeldung abgeben)
- für talfahrende Schiffe von der Obermosel an die Schleuse Koenigsmaker
- für talfahrende Schiffe auf der Saar an die Schleuse Kanzem
- für Schiffe, die ihre Reise im Raum Trier beginnen, an die Schleuse Trier

Für Transporte von mehr als zwei verschiedenen Gefahrgütern ist die schriftliche Meldung (Fax oder BICS) vorgeschrieben.

<u>Alle weiteren Meldungen</u> werden an die Schleuse abgegeben, in deren UKW-Bereich sich das Fahrzeug befindet.

Meldepunkte
Tafelzeichen B.11 MoselSchPV bzw. BinSchStrO aus jeder Fahrtrichtung vor den Schleusen.

Datenaustausch mit Luxemburg und Frankreich: siehe Seite 13.

Anhang 6: Merkblatt Verkehrssicherungssysteme

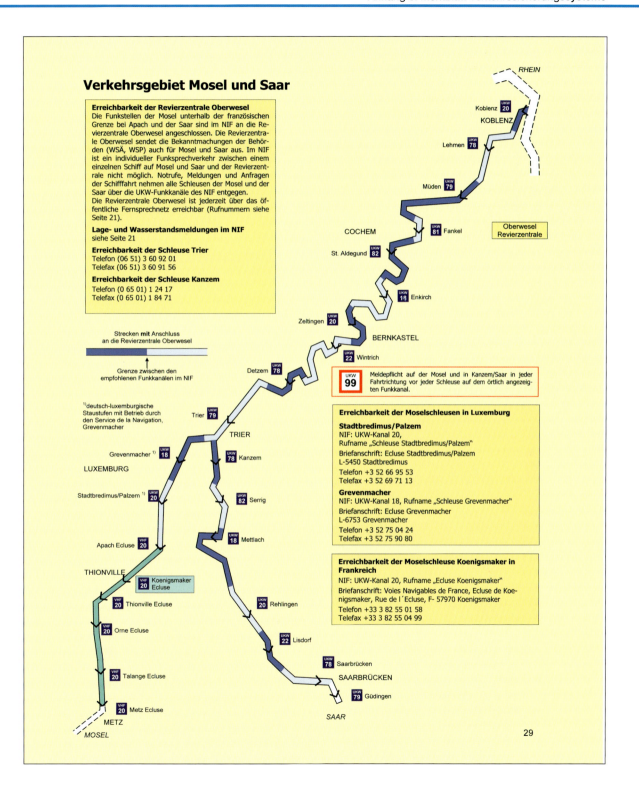

Verkehrsgebiet Neckar

Funkstellen (NIF)

Ortsfeste Funkstellen _mit_ Anschluss an die Revierzentrale Oberwesel

Funkstelle (Rufname Schleuse)	Lage (km)	UKW-Kanal	Reichweite (km – km)
Feudenheim Schleuse	6,20	20	0,00 – 28,00
Schwabenheim Schleuse	17,70	78	0,00 – 32,00
Heidelberg Schleuse	26,10	79	13,00 – 32,00
Neckargemünd Schleuse	30,80	81	29,00 – 36,00
Neckarsteinach Schleuse	39,30	82	32,00 – 40,00
Hirschhorn Schleuse	47,70	18	38,00 – 55,00
Rockenau Schleuse	61,40	20	54,00 – 66,00
Guttenbach Schleuse	72,20	22	67,00 – 79,00
Neckarzimmern Schleuse	85,90	78	70,00 – 92,00
Gundelsheim Schleuse	93,80	79	90,00 – 99,00
Kochendorf Schleuse	103,90	81	90,00 – 109,00
Heilbronn Schleuse	113,60	82	109,00 – 116,00

Funkstellen _ohne_ Anschluss an die Revierzentrale Oberwesel

Schleuse	Lage (km)	UKW-Kanal
Horkheim	117,50	18
Lauffen	125,10	20
Besigheim	136,20	22
Hessigheim	143,00	78
Pleidelsheim	150,10	79
Marbach	157,60	81
Poppenweiler	165,00	82
Aldingen	171,40	18
Hofen	176,20	20
Bad Cannstatt	182,70	22
Untertürkheim	186,70	78
Obertürkheim [1]	189,50	79
Esslingen [1]	194,00	81
Oberesslingen [1]	194,80	82
Deizisau [1]	199,50	18

[1] Schleusenbetrieb durch die Fernsteuerzentrale Obertürkheim

Melde- und Informationssystem Binnenschifffahrt (MIB)

nicht eingerichtet

Schleusenbetriebszeiten

Schleusen Feudenheim bis Heilbronn

Montag	6:00 – 24:00 Uhr
Dienstag bis Freitag	0:00 – 24:00 Uhr
Samstag	0:00 – 22:00 Uhr
Sonntag	8:00 – 16:00 Uhr

Schleusen Horkheim bis Untertürkheim

Montag	6:00 – 24:00 Uhr
Dienstag bis Freitag	0:00 – 24:00 Uhr
Samstag	0:00 – 21:00 Uhr
Sonntag	8:00 – 16:00 Uhr

Schleusen Obertürkheim bis Deizisau

Montag bis Freitag	6:00 – 21:00 Uhr
Samstag	6:00 – 21:00 Uhr
Sonntag	8:00 – 16:00 Uhr

In der Nacht werden Schleusungen
a) an den Schleusen Feudenheim bis Heilbronn von Montag bis Freitag in der Zeit von 22:00 Uhr bis 6:00 Uhr sowie
b) an den Schleusen Horkheim bis Untertürkheim von Montag bis Freitag von 21:00 Uhr bis 6:00 Uhr

nur für die gewerbliche Schifffahrt nach einer schriftlichen Voranmeldung durchgeführt.

Die Schleusen Feudenheim bis Untertürkheim werden an gesetzlichen Feiertagen, die auf einen Werktag fallen, wie an einem entsprechenden Werktag betrieben.

Die Schleusen Obertürkheim bis Deizisau werden an gesetzlichen Feiertagen wie an Sonntagen betrieben.

Für verschiedene Feiertage werden abweichende Betriebszeiten besonders bekannt gegeben.

Anhang 6: Merkblatt Verkehrssicherungssysteme

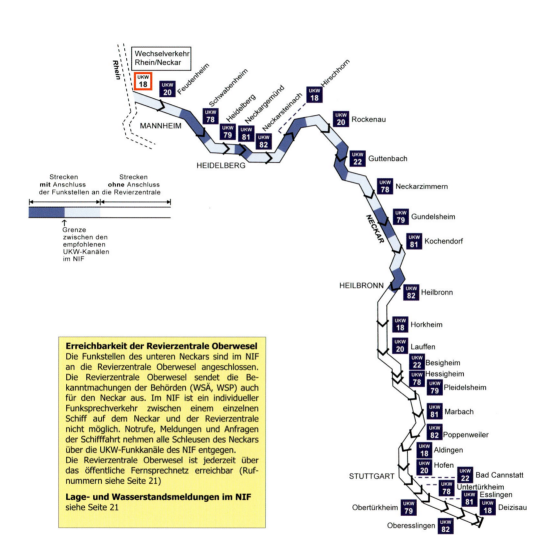

Anhang 6: Merkblatt Verkehrssicherungssysteme

Verkehrsgebiet Main, Main-Donau-Kanal, Donau

Funkstellen (NIF)

Ortsfeste Funkstellen mit Anschluss an die Revierzentrale Oberwesel

Funkstelle	Wasserstraße	Lage (km)	UKW-Kanal	Reichweite (km – km)
Kostheim Schleuse [1]	Main	3,20	20	0,00 – 14,00
Eddersheim Schleuse [1]	Main	15,55	78	4,00 – 28,00
Griesheim Schleuse [1]	Main	28,69	79	16,00 – 38,00
Offenbach Schleuse [1]	Main	38,51	81	30,00 – 52,00
Mühlheim Schleuse [1]	Main	53,19	82	48,00 – 59,00

[1] Rufnamen „........Schleuse" und „Oberwesel Revierzentrale"

Schleusenfunkstellen ohne Anschluss an eine Revierzentrale

Main

Schleuse (Rufname Schleuse)	Lage (km)	UKW-Kanal
Krotzenburg	63,85	18
Kleinostheim	77,90	20
Obernau	92,90	22
Wallstadt	101,20	78
Klingenberg	113,05	79
Heubach	122,36	81
Freudenberg	133,95	82
Faulbach	147,07	18
Eichel	160,47	20
Lengfurt	174,50	22
Rothenfels	185,89	78
Steinbach	200,67	79
Harrbach	219,47	81
Himmelstadt	232,29	82
Erlabrunn	241,20	18
Würzburg	252,51	20
Randersacker	258,89	22
Großmannsdorf	269,03	78
Marktbreit	275,68	79
Kitzingen	283,98	81
Dettelbach	295,40	82
Gerlachshausen	300,50	18
Wipfeld	316,29	20
Garstadt	323,50	22
Schweinfurt	332,04	78
Ottendorf	345,26	79
Knetzgau	359,78	81
Limbach	367,18	82
Viereth	380,70	18

Main-Donau-Kanal

Schleuse (Rufname Schleuse)	Lage (km)	UKW-Kanal
Bamberg	7,41	60
Strullendorf	13,29	61
Forchheim	25,88	62
Hausen	32,86	63
Erlangen	41,05	64
Kriegenbrunn	48,66	65
Nürnberg	69,09	66
Eibach	72,82	20
Leerstetten	84,32	22
Eckersmühlen	94,93	78
Hilpoltstein	98,98	79
Bachhausen	115,45	81
Berching	122,50	82
Dietfurt	135,26	18
Riedenburg	150,83	20
Kelheim	166,05	78

Donau

Schleuse (Rufname Schleuse)	Lage (km)	UKW-Kanal
Bad Abbach	2397,17	19
Regensburg	2379,68	21
Geisling	2354,29	22
Straubing [1]	2327,72	18
Straubing [2]	2327,72	82
Kachlet	2230,60	20
Jochenstein	2203,20	22

[1] Wirkungsbereich von Kanal 18: km 2376,80 – 2287,80
[2] Wirkungsbereich von Kanal 82: km 2312,80 – 2269,80

Melde- und Informationssystem Binnenschifffahrt (MIB)
für den Untermain bis Hanau eingerichtet
(siehe Seiten 10 und 20)

Zum Standort der Tafelzeichen mit Angabe der Funkkanäle:
siehe Hinweis auf Seite 4

Anhang 6: Merkblatt Verkehrssicherungssysteme

Verkehrsgebiet Main, Main-Donau-Kanal, Donau

Wechselverkehr Rhein/Main

UKW 18
UKW 82 km 57,9
UKW 82 Meldepunkt

Strecken **mit** Anschluss der Funkstellen an die Revierzentrale
Strecken **ohne** Anschluss der Funkstellen an die Revierzentrale
↑ Grenze zwischen den empfohlenen UKW-Kanälen im NIF

RHEIN, MAINZ, WIESBADEN, FRANKFURT, OFFENBACH, HANAU, ASCHAFFENBURG, WÜRZBURG, SCHWEINFURT, BAMBERG, ERLANGEN, NÜRNBERG, HILPOLTSTEIN, KELHEIM, REGENSBURG, STRAUBING, DEGGENDORF, VILSHOFEN, PASSAU

50, 100, 200, 150, 250, 300, 350, 384 MAIN 0 MDK, 50, 100, 100, 171 MDK, 2400 DONAU, 2350, 2300, 2250, 2223, 2201

MAIN-DONAU-KANAL, MAIN, DONAU

Detail Untermain

UKW 81 Offenbach
UKW 82 Mühlheim
FRANKFURT
HANAU
RHEIN
UKW 18
MAINZ
UKW 79 Griesheim
UKW 82 MAIN
UKW 78 Eddersheim
UKW 20 Kostheim

Erreichbarkeit der Schleusen (NIF)
Die Schleusen nehmen Meldungen aus der Schifffahrt entgegen und beantworten Anfragen nautischer Art im Rahmen ihrer Möglichkeiten.

Schleusenbetriebszeiten:
Kostheim – Kleinostheim täglich 0:00 – 24:00 Uhr
Obernau – Regensburg täglich 6:00 – 22:00 Uhr
(22:00 bis 6:00 Uhr bei Bedarf und nach Voranmeldung)
Geisling – Jochenstein täglich 0:00 – 24:00 Uhr

Revierzentrale
Für den Untermain bis Hanau: Revierzentrale Oberwesel (siehe Seite 21).
Notrufe, Meldungen und Anfragen der Schifffahrt nehmen alle Schleusen über die Funkkanäle des NIF während der Schleusenbetriebszeiten entgegen.

Notfallmeldestelle
Schleuse Kachlet (08 51) 9 55 19 20

Die Schleusenfunkstellen Kostheim bis Mühlheim sind im NIF und im MIB an die Revierzentrale Oberwesel angeschlossen.

Elektronische Wasserstraßenkarte (Inland ECDIS, ARGO)

ALLGEMEINES

Zweck
Inland ECDIS ist ein System zur elektronischen Darstellung von Binnenschifffahrtskarten und ergänzenden Sachdaten, wie z. B. die Bedeutung der Schifffahrtszeichen. Es soll zur Sicherheit und Effizienz der Binnenschifffahrt und damit auch zum Schutz der Umwelt beitragen.

Begriffe
ECDIS (Electronic Chart Display and Information System) ist der internationale Standard, wie er für die elektronische Seekarte und deren Darstellung von der International Maritime Organization (IMO), der International Hydrographic Organization (IHO) und der International Electrotechnical Commission (IEC) definiert ist.

Inland ECDIS Standard (Edition 2.0) ist der von der Zentralkommission für die Rheinschifffahrt (ZKR), der Donaukommission (DK) und der Europäischen Wirtschaftskommission der Vereinten Nationen (UN/ECE) beschlossene Standard für ECDIS auf Binnenschifffahrtsstraßen. Inland ECDIS nutzt und ergänzt die Bestimmungen des maritimen ECDIS, ändert sie aber nicht.

Inland ENC (Inland Electronic Navigable Chart) ist die elektronische Binnenschifffahrtskarte für Inland ECDIS.

Inland SENC (Inland System Electronic Navigable Chart) ist die herstellerspezifische elektronische Binnenschifffahrtskarte. Sie ergibt sich aus der Transformation der Inland ENC in ein herstellerspezifisches Format. Die Inland SENC kann durch Daten des Herstellers ergänzt und gegen Kopieren geschützt werden.

ARGO ist die deutsche Anwendung des Inland ECDIS Standards. Die Besonderheit von ARGO ist die Darstellung von Tiefeninformationen unter dem jeweiligen aktuellen Wasserstand.

EIGENSCHAFTEN

ECDIS
ECDIS hat gegenüber der Papierkarte folgende Vorteile:
- Objektorientierung mit Flächenobjekten (z.B. Landfläche), Linienobjekten (z.B. Uferlinie) und Punktobjekten (z.B. Tonne)
- Organisation der Objekte in einer Datenbank; dadurch ist die Zuordnung von Sachdaten (Attributen) zu jedem Objekt möglich
- Vektordarstellung statt Rasterdarstellung; dadurch behalten Linien bei Maßstabänderungen (Zoomen) ihre Strichstärke und Punktobjekte ihre Größe
- Stufenweises Wegschalten der Objekte bei Verkleinerung des Maßstabs (Herauszoomen), dadurch keine Überladung der Karte mit Informationen
- Drei Stufen der Informationsdichte: Alles, Standard, Minimum
- Aufrechtes Anzeigen der Schriften auch beim Drehen der Karte
- Überlagerung der Karte mit dem Radarbild möglich
- Automatische Positionierung der Karte mit Satellitenortung (D)GPS.

Ergänzende Eigenschaften von Inland ECDIS
- Binnenschifffahrtspezifische Objekte wie Schifffahrtszeichen (z.B. Tafelzeichen)
- Anzeige der Bilder und der Sachdaten der Tafelzeichen in einem besonderen Fenster des Objektreports
- Anzeige der Tafelzeichen an Brücken entsprechend der Orientierung der Brücke
- Zwei neue Betriebsarten: „Informationsmodus" und „Navigationsmodus".

BETRIEBSARTEN

Informationsmodus
ECDIS als elektronischer Atlas zur Orientierung über die Wasserstraße, jedoch nicht zum Steuern des Fahrzeuges.

Navigationsmodus
ECDIS mit überlagertem Radarbild zum Steuern des Schiffes. Inland ECDIS Geräte, die im Navigationsmodus betrieben werden können, sind Navigationsradaranlagen im Sinne der Vorschriften über die *Mindestanforderungen und Prüfbedingungen für Navigationsradaranlagen in der Rheinschifffahrt*. Die Position des Fahrzeugs muss aus einem laufend positionierenden System abgeleitet werden, dessen Genauigkeit den Anforderungen einer sicheren Schiffsführung entspricht. Wer ein Inland ECDIS Gerät im Navigationsmodus benutzt, muss ein Radarpatent besitzen.

Inland ECDIS im Navigationsmodus mit überlagertem Radarbild

Inland ECDIS im Informationsmodus mit Anzeige von Sachdaten im Objektreport

Anhang 6: Merkblatt Verkehrssicherungssysteme

INLAND ECDIS SYSTEME
Produkte am Markt

Produkt	Firma	Betriebs-art [1]
Radarpilot720°	Innovative Navigation www.innovative-navigation.de	Nav + Inf
ORCA-Navigator CEACT	SevenCs GmbH www.sevencs.com	Inf
PC-Navigis	TRESCO Engineering www.tresco.be	Inf
PC-Navigo-ENC	NoorderSoft www.noordersoft.com	Inf
TRESCO-Inland-ECDIS-Viewer	TRESCO Navigation Systems www.tresconavigationsystems.com	Inf

1) Nav = Navigationsbetrieb, Inf = Informationsbetrieb

AMTLICH BESTÄTIGTE INLAND ENCs DER WSV

Grundlage: Digitale Bundeswasserstraßenkarte 1:2000
ENC-Zellgröße: 10 km in jeweils einer Datei

Kartenproduktion

Wasserstraße	von km	Ort	bis km	Ort
Rhein	334,8	Iffezheim	865,4	Grenze D / NL
Main	0	Mainz/Rhein	387,6	Bamberg / MDK
Main-Donau-Kanal	0	Bamberg	171	Kelheim / Donau
Donau	2.414,7	Kelheim	2.201,8	Grenze D / A
Neckar	0	Mannheim	202,9	Plochingen
Saar	0	Mündung Mosel	80	Saarbrücken
Mosel	0	Koblenz/Rhein	242	Apach

Vertriebspartner
Die amtlichen ENCs werden über Vertriebspartner herausgegeben. Diese wandeln die ENCs in das jeweilige firmeneigene kopiergeschützte SENC-Format um.
- ChartWorld GmbH, Hamburg
- TRESCO Engineering, Belgien
- TRESCO Navigationsystems, PERISKAL Belgien
- NoorderSoft b.v., Niederlande

TIEFENINFORMATIONEN
Grundsatz
Tiefeninformationen (siehe Bild auf Seite 36) werden für ausgewählte Engpassstellen der Flüsse über die Vertriebspartner der WSV bereitgestellt.
Aktualisierung der Tiefenangaben
je nach Veränderung der Flusssohle, etwa einmal im Jahr. Kurzfristige Veränderungen der Flusssohle werden über den NIF bekannt gemacht.
Tiefenmodelle
Die Tiefen werden auf GlW (statisches Tiefenmodell) oder auf den aktuellen Wasserstand (dynamisches Tiefenmodell) bezogen. Für das dynamische Tiefenmodell ist in den Systemen zusätzlich zum Sohlenmodell ein Wasserspiegelmodell hinterlegt.
Eingabe des Nutzers:
- Wasserstand am Bezugspegel
- Tiefenanspruch des Schiffes

Anzeige:
- Tiefenlinien unter aktuellem Wasserstand
- Fahrstreifen für das Schiff

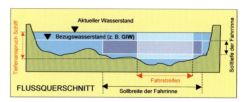

Fahrstreifen eines Schiffes entsprechend dem Tiefgang (Tiefenanspruch) unter aktuellem Wasserstand

Produktion von Tiefeninformationen

Wasserstraße	von km	bis km	Ort		Art [1]	Monat/Jahr
Rhein	360	390	Karlsruhe	Philippsburg	L	07/2006
Rhein	508	517	Budenheim	Oestrich	F	03/2007
Rhein	517	531	Oestrich	Bingen	F	03/2007
Rhein	531	557	Bingen	St. Goar	F	01/2007
Rhein	641	647	Drachenfelser Grund		F	11/2005
Rhein	671	675	Godorf		F	11/2005
Rhein	686	689	Deutzer Platte		F	10-11/2005
Rhein	702	706	Köln-Langel		F	10/2005
Rhein	739	744	Lausward		F	09/2005
Rhein	782	785	Beeckerwerth		F	07/2005
Rhein	809	814	Büderich		F	06/2005
Rhein	833	839	Obermörmter - Rees		F	11-12/2005
Rhein	851	855	Emmerich		F	08 u. 10/2005

1) F = Flächenpeilung, L = Linienpeilung

Verkehrssicherung und Verkehrsregelung
Die Herausgabe der Tiefeninformationen ändert nichts an Art und Umfang der von der Wasser- und Schifffahrtsverwaltung des Bundes (WSV) bisher wahrgenommenen Verkehrssicherung. Dies bedeutet, dass auch weiterhin eine Fahrrinne bestimmter Breite (Sollbreite) und Tiefe (Solltiefe) im Rahmen des Möglichen und Zumutbaren vorgehalten wird, die von der WSV turnusmäßig in gleichem Umfang wie bisher überprüft wird. Die Tiefeninformationen in Inland ECDIS sind nicht Gegenstand der Verkehrssicherungspflicht. Sie sind vielmehr eine Zusatzinformation der WSV. Da die Flusssohle naturgemäß einer stetigen Veränderung ausgesetzt ist, hat der Schiffsführer diesem Sachverhalt im Hinblick auf die Abladung und Nutzung der zu einem bestimmten Zeitpunkt ermittelten Tiefeninformationen („Momentaufnahmen") eigenverantwortlich Rechnung zu tragen.

Fahrzeuge, welche die Tiefeninformationen als nautische Hilfe nutzen, haben kein Vorrecht gegenüber der anderen Schifffahrt.

35

Anhang 6: Merkblatt Verkehrssicherungssysteme

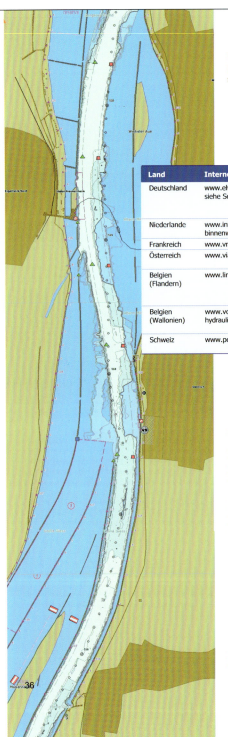

**Elektronische Wasserstraßenkarte mit Tiefen
(Rhein bei Oestrich und Ingelheim)**
siehe Seiten 34 und 35

Nachrichten für die Binnenschifffahrt im Internet

Land	Internet-Adresse	Rubrik	Herausgeber
Deutschland	www.elwis.de siehe Seiten 6 und 7	Nachrichten für die Binnenschifffahrt, Gewässerkundliche Informationen	Wasser- und Schifffahrtsverwaltung des Bundes
Niederlande	www.infocentrum-binnenwateren.nl	Scheepvaart-berichtgeving	Rijkswaterstaat RIZA, Infocentrum Binnenwateren
Frankreich	www.vnf.fr	Avis a la Bataillerie	Voies navigables de France
Österreich	www.via-donau.at	Services / Schifffahrtsnachrichten	BMVIT, Oberste Schifffahrtsbehörde
Belgien (Flandern)	www.lin.vlaanderen.be	Administratie Waterwegen en Zeewezen (AWZ) / Scheepvaartbericht; Waterstanden	Administratie Waterwegen en Zeewezen
Belgien (Wallonien)	www.voies-hydrauliques.wallonie.be	Les Infos/Avis a la Bataillerie	Ministère Wallon de l'Équipement et des Transports
Schweiz	www.port-of-switzerland.ch	Aktuell / Nachrichten für die Binnenschifffahrt	Schweizerische Rheinhäfen

Impressum

Herausgeber
Wasser- und Schifffahrtsverwaltung
des Bundes
im Geschäftsbereich des Bundesministeriums
für Verkehr, Bau und Stadtentwicklung

Federführung
Dezernat Verkehrstechnik Binnen
Wasser- und Schifffahrtsdirektionen Mitte,
West, Südwest, Süd und Ost
Dienstsitz Mainz
Brucknerstraße 2, D-55127 Mainz
Telefon +49 61 31 9 79-0
Telefax +49 61 31 9 79-1 55
wsd-suedwest@wsv.bund.de
www.wsv.de

Beteiligung
VNF Voies Navigables de France (F)
Rijkswaterstaat (NL)
Schweizerische Rheinhäfen (CH)

Fachliche Betreuung der Projekte
Fachstelle der WSV für Verkehrstechniken
(FVT), Koblenz
Bundesanstalt für Wasserbau (BAW), Karlsruhe
Bundesanstalt für Wasserbau, Dienstleistungszentrum für Informationstechnik (DLZ-IT), Ilmenau
Bundesanstalt für Gewässerkunde (BfG), Koblenz

Verbesserungsvorschläge
für dieses Merkblatt werden an info@elwis.de
erbeten

Titelfoto
Reinhard Felden, Bochum

Abdruck mit Genehmigung des Dezernates Verkehrstechnik Binnen unter Angabe der Quelle gestattet. Die Angaben in diesem Merkblatt wurden sorgfältig zusammengestellt. Für die Richtigkeit kann aber keine Gewähr übernommen werden.

Anhang 7: VHF-Frequenzen/Kanäle

Kanal	Sendefrequenzen (MHz) Schiffsfunkstelle	Ortsfeste Funkstelle	Schiff–Schiff	Schiff–Hafen	Nautische Information
60	156,025	160,625			•
01	156,050	160,650			•
61	156,075	160,675			•
02	156,100	160,700			•
62	156,125	160,725			•
03	156,150	160,750			•
63	156,175	160,775			•
04	156,200	160,800			•
64	156,225	160,825			•
05	156,250	160,850			•
65	156,275	160,875			•
06	156,300	156,300	•		
66	156,325	160,925			•
07	156,350	160,950			•
67	156,375	156,375			•
08	156,400	156,400	•		
68	156,425	156,425			•
09	156,450	156,450			•
69	156,475	156,475			•
10	156,500	156,500	•		
70	156,525	156,525	Digitaler Selektivruf		
11	156,550	156,550		•	
71	156,575	156,575		•	
12	156,600	156,600		•	
72	156,625	156,625	•		
13	156,650	156,650	•		
73	156,675	156,675			•
14	156,700	156,700		•	
74	156,725	156,725		•	
15	156,750	156,750			
75	156,775	156,775		•	
16	156,800	156,800			
76	156,825	156,825			•
17	156,850	156,850			
77	156,875	156,875	•		
18	156,900	161,500			•
78	156,925	161,525			•
19	156,950	161,550			•
79	156,975	161,575			•
20	157,000	161,600			•

Anhang 7: VHF-Frequenzen/Kanäle

Kanal	Sendefrequenzen (MHz)		Schiff–Schiff	Schiff–Hafen	Nautische Information
	Schiffsfunkstelle	Ortsfeste Funkstelle			
80	157,025	161,625			•
21	157,050	161,650			•
81	157,075	161,675			•
22	157,100	161,700			•
82	157,125	161,725			•
23	157,150	161,750			•
83	157,175	161,775			•
24	157,200	161,800			•
84	157,225	161,825			•
25	157,250	161,850			•
85	157,275	161,875			•
26	157,300	161,900			•
86	157,325	161,925			•
27	157,350	161,950			•
87	157,375	157,375			•
28	157,400	162,000			•
88	157,425	157,425			•
AIS 1	161,975	161,975			
AIS 2	162,025	162,025			

Anhang 8: Frequenzzuteilungsurkunde (Muster)

Bundesrepublik Deutschland

Bundesnetzagentur
für Elektrizität, Gas, Telekommunikation, Post und Eisenbahnen

ZUTEILUNGSURKUNDE
SHIP STATION LICENCE
LICENCE DE STATION DE NAVIRE
LICENCIA DE ESTACIÓN DE BARCO

valid from 21.09.2006

Zuteilungsnummer: **385516071958**
assignment number

Frequenzzuteilung zur Nutzung zum Betreiben der nachfolgend gekennzeichneten

Schiffsfunkstelle

aufgrund des § 55 des Telekommunikationsgesetzes (TKG) vom 22. Juni 2004 (BGBl. I Nr. 29 S. 1190). Die Frequenzzuteilung entspricht einer Genehmigung zum Errichten und Betreiben von Schiffsfunkstellen in Übereinstimmung mit Anhang 1 der Regionalen Vereinbarung über den Binnen-schifffahrtsfunk (Basel, 06. April 2000).

Frequency assignment for the operation of the below mentioned ship's radio station pursuant to § 55 of the Telecommunications Act (TKG) published on 22nd of June 2004 (Federal Law Gazette I nr. 29 p. 1190). The frequency assignment is equivalent to the licence according to the Regional Arrangement concerning the Radiotelephone Service on Inland Water-ways (Basel, 06. april 2000).

Name des Schiffes *name of ship*	**Ina 1**	Rufzeichen *call sign*	**DC4711**
MMSI *Maritime Mobile Service Id.*			
Heimathafen/Liegeplatz *port of registry/berth*	**Duisburg**		
ATIS-Kennung *ATIS code*	**9211034711**		
Inhaber *holder of licence*	**Ina Musterfrau** **Svenstraße 48** **21212 Fleckeby**		

Amtliche Eintragungen:
official remarks

Anhang 8: Frequenzzuteilungsurkunde

Zuteilungsnummer: **385516071958**
assignment number

Name des Schiffes **Ina 1** Rufzeichen **DC4711**
name of ship call sign

Funkausrüstung der Schiffsfunkstelle
ship's radio equipment

Anzahl quantity	Art der Schiffsfunkanlage(n) kind of radio device(s)	Typenbezeichnung type	Frequenzbereich/ Frequenzen frequency range/ frequencies
2	Binnenfunkanlage	Sailor RT2048	V

Die dem internationalen Schiffsfunkdienst zugewiesenen Frequenzbereiche / Frequenzen werden zur Nutzung für das Betreiben der Schiffsfunkstelle unter Beachtung der beigefügten Nebenbestimmungen zugeteilt.
The frequency ranges / frequencies for the Radiotelephone Service on Inland Waterways are assigned for the use of the ship's radio station. The regulations attached are observed.

Rechtsbehelfsbelehrung

Gegen diesen Bescheid kann innerhalb eines Monats nach Bekanntgabe Widerspruch erhoben wer-den. Der Widerspruch ist bei der Regulierungsbehörde für Telekommunikation und Post (RegTP), Tulpenfeld 4, 53113 Bonn oder bei einer sonstigen Dienststelle der RegTP schriftlich oder zur Nieder-schrift einzulegen. Es dient einer zügigen Bearbeitung des Widerspruchs, wenn er bei der Regulie-rungsbehörde für Telekommunikation und Post, Außenstelle Mülheim, Aktienstr. 1-7, 45473 Mülheim, eingelegt wird. Die Schriftform kann durch die elektronische Form ersetzt werden. In diesem Fall ist das elektronische Dokument mit einer qualifizierten elektronischen Signatur nach dem Signaturgesetz zu versehen. Der Widerspruch hat keine aufschiebende Wirkung. Die Einlegung eines Widerspruchs ändert nichts an der Wirksamkeit und Vollziehbarkeit des Bescheides.

Hinweis zur Rechtsbehelfsbelehrung:

Für ein ganz oder teilweise erfolgloses Widerspruchsverfahren werden grundsätzlich Kosten (Gebühren und Auslagen) erhoben. Für die vollständige oder teilweise Zurückweisung eines Widerspruchs wird grundsätzlich eine Gebühr bis zur Höhe der für die angefochtene Amtshandlung festgesetzten Gebühr erhoben. Bei Verwendung der elektronischen Form sind besondere technische Rahmenbedingungen zu beachten. Die besonderen technischen Voraussetzungen hierfür sind unter http://www.regtp.de/elektronische-kommunikation/ aufgeführt.

Hamburg, den **29.08.2011** Anlage *(enclosure)*
place and date of issue Nebenbestimmungen *(appended conditions)*

Im Auftrag (Dienststempel)
by order official stamp

Anlage zur Urkunde „Ship Station Licence";
Nebenbestimmungen und Hinweise zur Frequenzzuteilung zur Nutzung für das Betreiben einer Schiffsfunkstelle.

1. Die Schiffsfunkstelle ist an das in der Urkunde genannte Schiff gebunden. Die Urkunde ist ständig auf dem Schiff mitzuführen.

2. Die Zuteilungsurkunde ist Beauftragten der Regulierungsbehörde für Telekommunikation und Post (Reg TP) oder anderen befugten Personen, z.B. Polizeibeamten, auf Verlangen vorzuzeigen.

3. Beauftragten der Reg TP ist der Zugang zu dem Schiff, auf dem sich die Funkanlage(n) und das Zubehör befinden, zur Prüfung der Anlage(n) und Einrichtungen zu verkehrsüblichen Zeiten zu gestatten bzw. zu ermöglichen. Den Beauftragten sind dabei alle gewünschten Auskünfte über die Schiffsfunkstelle, die Funkanlage(n) und den Funkbetrieb zu erteilen. Erforderliche Unterlagen sind bereitzustellen und auf Verlangen vorzuzeigen.

4. Die Schiffsfunkstelle darf nur vom Inhaber eines von der Reg TP erteilten oder anerkannten gültigen Seefunk- bzw. Betriebszeugnisses bedient oder beaufsichtigt werden.

5. Es dürfen nur Nachrichten im Rahmen des Verwendungszwecks der Verkehrskreise übermittelt werden.

6. Es dürfen nur Funkanlagen betrieben werden, die den jeweiligen Vorschriften für den vorgesehenen Anwendungszweck entsprechen und entsprechend gekennzeichnet sind. Alle Funkanlagen der hier beschriebenen Funkstelle unterliegen der Ausrüstungspflicht mit ATIS (System für die automatische Identifizierung von Schiffsfunkstellen).

7. Beim Betrieb der Schiffsfunkstelle sind die Vorschriften des "Handbuches Binnenschifffahrtsfunk" und die geltenden sonstigen Vorschriften der Reg TP und anderer zuständiger Behörden zu beachten.

8. Durch die Frequenznutzung dürfen keine Störungen bei anderen Telekommunikationsanlagen und Geräten hervorgerufen werden. Durch die Frequenznutzung verursachte Störungen sind unter Beachtung der jeweils geltenden technischen Anforderungen zu beseitigen. Die Reg TP ist befugt, im Störungsfall die Einschränkung des Betriebes der entsprechenden Funkanlage(n) anzuordnen. Der Zuteilungsinhaber hat dieser Anordnung unverzüglich nachzukommen.

9. Die Reg TP kann die Frequenzzuteilung nachträglich mit Auflagen und Beschränkungen versehen, sowie die Nebenbestimmungen ändern, ergänzen oder nachträgliche Nebenbestimmungen hinzufügen. Dadurch gegebenenfalls erforderlich werdende Ergänzungen oder Änderungen der Schiffsfunkstelle hat der Zuteilungsinhaber, falls er die Schiffsfunkstelle weiterbetreiben will, auf seine Kosten vornehmen zu lassen.

10. Die Schiffsfunkstelle darf im Rahmen ihrer technischen Möglichkeiten am Seefunkdienst teilnehmen. Für die Teilnahme am Seefunkdienst sind die geltenden Bestimmungen und Vorschriften für den Seefunkdienst zu beachten. Die „Mitteilungen für Seefunkstellen und Schiffsfunkstellen müssen an Bord des Schiffes mitgeführt werden. Bei einem Aufenthalt in fremden Hoheitsgewässern sind die dort geltenden Vorschriften über den Funkdienst zu befolgen. Es ist Sache des Zuteilungsinhabers, sich von solchen Vorschriften Kenntnis zu verschaffen und sie dem Bedienungs- und Beaufsichtigungspersonal der Schiffsfunkstelle mitzuteilen.

11. Änderungen, die den Inhalt der Zuteilungsurkunde betreffen, sind der Reg TP -Außenstelle Mülheim- unter Beifügung der (Original-) Zuteilungsurkunde binnen eines Monats schriftlich anzuzeigen.

12. Der Zuteilungsinhaber kann auf die Frequenzzuteilung verzichten. Der Verzicht ist gegenüber der Reg TP schriftlich unter Angabe der Zuteilungsnummer und Rückgabe der (Original-) Zuteilungsurkunde zu erklären. Die Verzichtserklärung muss der Reg TP oder einer ihrer Außenstellen spätestens 6 Werktage vor Ende des Monats zugegangen sein, mit dessen Ablauf die Zuteilung erlöschen soll.

Für den Widerruf der Frequenzzuteilung gilt § 49 des Verwaltungsverfahrensgesetzes.

13. Bei Erlöschen der Frequenzzuteilung ist die Frequenzzuteilungsurkunde im Original an die Reg TP -Außenstelle Mülheim- zurückzugeben.

14. Hinweise

1. Die Frequenzzuteilung und deren Verwaltung sind gebühren- und beitragspflichtig. Die Höhe der Gebühren und Beiträge bemisst sich nach den entsprechenden Gebühren- und Beitragsverordnungen. Die Festsetzung der Gebühren und Beiträge ergeht durch gesonderten Bescheid. Für die Einziehung der Gebühren und Beiträge gelten die Vorschriften der Reg TP, für die Folgen bei nicht fristgerechter Zahlung darüber hinaus die Bestimmungen des Verwaltungsvollstreckungsgesetzes. Gebühren- und Beitragsschuldner ist der Zuteilungsinhaber. Die Gebühren und Beiträge sind ohne Rücksicht darauf zu entrichten, ob die Schiffsfunkstelle betrieben wird oder nicht. Die Pflicht zur Zahlung der Gebühren und Beiträge beginnt mit dem 1. des Geltungsmonats der Urkunde und endet mit Ablauf des Monats, in dem ihre Gültigkeit erlischt. Andere Gebühren oder Entgelte (z.B. für Verbindungen im Verkehrskreis "öffentlich Nachrichtenaustausch") werden von dem jeweiligen Diensteanbieter selbst erhoben.

Diese Frequenzzuteilung betrifft ausschließlich die Frequenznutzung. Sonstige Vorschriften und Rechte Dritter, insbesondere ggf. zusätzlich erforderliche Zulassungen und Genehmigungen, z.B. baurechtliche oder privatrechtliche, bleiben hiervon unberührt.

2. Für Navigationsfunkanlagen (z.B. Radaranlagen), die den geltenden Vorschriften genügen und entsprechend gekennzeichnet sind, gilt für den Betrieb auf Schiffen eine allgemeine Frequenzzuteilung. Eine Antragstellung im einzelnen ist deshalb dafür nicht erforderlich.

3.

Anhang 9: Fremdsprachliche Redewendungen für die Fahrt

Deutsch

Manöver

Ich richte meinen Kurs nach Steuerbord/Backbord.
Ich wende über Steuerbord/Backbord zu Tal.
Ich wende über Steuerbord/Backbord zu Berg.
Meine Maschine geht rückwärts.
Ich halte kopfvor zu Tal an.
Ich gehe kopfvor zu Tal vor Anker.
Ich will in den/aus dem ... (Name) Hafen einfahren/ausfahren und richte meinen Kurs nach Steuerbord/Backbord.
Ich will überqueren.

Begegnen/Überholen

Begegnen

Begegnung Steuerbord an Steuerbord
mit blauer Tafel/weißem Funkellicht.
Nicht einverstanden, Begegnung Backbord an Backbord.
Begegnung Backbord an Backbord.
Nicht einverstanden, Begegnung Steuerbord an
Steuerbord mit blauer Tafel/weißem Funkellicht.

Überholen

Ich will auf Ihrer Steuerbordseite/Backbordseite überholen.
Einverstanden, Sie können Steuerbord/Backbord überholen.
Nicht einverstanden, Sie können nicht überholen.
Nicht einverstanden, Sie können aber auf meiner
Backbordseite/Steuerbordseite überholen.

Radarfahrt/Absprache bei unsichtigem Wetter

Ich fahre mit/ohne Radar.
Ich schalte um auf Kanal 13/10.
Nebel, Sichtweite ca. .../unter ... m.
Starkes Schneetreiben unterhalb/oberhalb ... (Ort).
Mehrere Stillieger am rechten/linken Ufer bei Kilometer ...

Ich ankere kopfvor zu Tal.
... (Art)/... (Schiffsname) zu Tal ... (Ort), Bergfahrt ... (Ort) bitte melden.
... (Art)/... (Schiffsname), zu Berg ... (Ort), für die Talfahrt Backbord an Backbord/Steuerbord an Steuerbord
mit blauer Tafel/ weißem Funkellicht.
... (Art)/... (Schiffsname), zu Tal/zu Berg ... (Ort),
ich habe langsam gemacht/ich habe gestoppt.

Fahrzeugzusammenstellungen/Ladezustand

Mein Schiff ist leer/beladen.
Mein Schiff ist auf Wasserstand abgeladen.
Mein Tiefgang beträgt ... cm.
Ich bin Einzelfahrer.
Ich habe ein/zwei leere(s) Schiff(e) längsseits.
Ich habe ein/zwei beladene(s) Schiff(e) längsseits.
Mein Anhang besteht aus ein/zwei Längen.

Anhang 9: Fremdsprachliche Redewendungen für die Fahrt

Französisch	Niederländisch
Manoeuvre	**Manoeuvres**
Je me dirige sur tribord/bâbord.	Ik ga stuurboord/bakboord uit.
Je suis montant et je vire sur tribord/bâbord vers l'aval.	Ik ben opvarend en zal over stuurboord/bakboord kop voor nemen.
Je suis avalant et je vire sur tribord/bâbord vers l'amont.	Ik ben afvarend en zal over stuurboord/bakboord opdraaien.
Ma machine est sur marche arrière.	Ik sla achteruit.
Je m'arrête cap à l'aval.	Ik hou kop voor stil.
Je mouille cap à l'aval.	Ik ga kopvoor ten anker.
Je veux entrer dans le/sortir du port ... (nom) en me dirigeant sur tribord/bâbord.	Ik wil over stuurboord/bakboord de ... (naam) haven in-/uitvaren.
Je veux traverser.	Ik wil oversteken.
Croisements/dépassements	**Ontmoeten/Voorbijlopen**
Croisements	**Ontmoeten**
Je croise tribord sur tribord et montre le panneau bleu/le feu scintillant blanc.	Ik wil stuurboord op stuurboord voorbijvaren en toon het blauwe bord/het witte flikkerlicht.
Pas d'accord, croisement bâbord sur bâbord.	Nee, u moet mij bakboord op bakboord voorbijvaren.
Je croise bâbord sur bâbord.	Ik wil bakboord op bakboord voorbijvaren.
Pas d'accord, croisement tribord sur tribord, je montre le panneau bleu, le feu scintillant blanc.	Nee, u moet mij stuurboord op stuurboord voorbijvaren, toon het blauwe bord/het witte flikkerlicht.
Dépassements	**Voorbijlopen**
Je veux dépasser à votre tribord/bâbord.	Ik wil u aan stuurboord/bakboord voorbijlopen.
D'accord, vous pouvez me dépasser à tribord/bâbord.	Ja, u kunt mij stuurboord/bakboord voorbijlopen.
Pas d'accord, vous ne pouvez pas me dépasser.	Nee, u kunt mij niet voorbijlopen.
Pas d'accord, mais vous pouvez me dépasser à bâbord/tribord.	Nee, u kunt mij aan bakboord/stuurboord voorbijlopen
Navigation au radar/temps bouché	**Varen op radar/afspraken bij slecht zicht**
Je navigue au/sans radar.	Ik vaar op/niet op radar.
Je passe sur la voie 13/10.	Ik schakel over naar kanaal 13/10.
Brouillard visibilité ... m environ/inférieure à ... m.	Slecht zicht ca .../ minder dan ... m.
Tempête de neige à l'aval/à l'amont de .... (lieu).	Sneeuwstorm benedenstrooms/bovenstrooms van ... (plaats).
Plusieurs bateaux mouillés rive droite/gauche près du kilomètre ...	Verscheidene stilliggende schepen aan de rechter- / linkeroever bij km ...
Je mouille cap à l'aval.	Ik ga kop voor ten anker.
... (type)/... (nom du bateau) avalant à ... (lieu), aux montants à vous.	... (type/scheepsnaam) afvarend t.h.v. ... (plaats, kan de opvaart t.h.v. ... (plaats) zich melden.
... (type)/... (nom du bateau) montant à ... (lieu), aux avalants croisement bâbord sur bâbord/tribord sur tribord avec panneau bleu/feu scintillant blanc.	... (type/scheepsnaam) opvarend t.h.v. ... (plaats) ik wil de afvaart bakboord op bakboord/stuurboord op stuurboord met het blauwe bord/het witte flikkerlicht voorbijlopen.
... (type)/... (nom du bateau), avalant/montant à ... (lieu) j'ai ralenti/je me suis arrêté.	... (type/scheepsnaam), afvarend/opvarend t.h.v. ... (plaats), ik vaar langzaam/ik ben gestopt.
Composition des convois/état de chargement	**Samenstellen/belading**
Mon bateau est vide/chargé.	Mijn schip is leeg/beladen.
Mon bateau est à l'enfoncement maximum praticable.	Mijn schip is op waterstand afgeladen.
Mon enfoncement est de ... cm.	Mijn diepgang bedraagt ... cm.
Je navigue isolément.	Ik ben een alleenvarend schip.
Je mène à couple un/deux bateau(x) vide(s).	Ik heb één/twee lege schepen langszij.
Je mène à couple un/deux bateau(x) chargé(s).	Ik heb één/twee geladen schepen langszij.
Je remorque sur une/deux longueurs.	Ik sleep één lengte/twee lengten.

Fremdsprachliche Redewendungen für die Fahrt

Deutsch

Ich schiebe 2 Leichter voreinander/nebeneinander.
Ich schiebe 6 Leichter, 3 Längen voreinander, 2 nebeneinander.
Ich schiebe 6 Leichter, 2 Längen voreinander, 3 nebeneinander.

Unfälle

Mein Radar ist ausgefallen.
Mein Wendeanzeiger ist ausgefallen.
Meine Maschine ist ausgefallen.
Ich habe Ruderausfall.
Ich bin manövrierunfähig.
Ich bin festgefahren.
Ich sinke und brauche sofort Hilfe.
Ich habe Leckage und brauche Pumphilfe.
Ich brauche ein Feuerlöschboot.
Ich brauche die Wasserschutzpolizei.
Mann über Bord, Fahrt einstellen.

Ich brauche ärztliche Hilfe.
Ich brauche einen Krankenwagen.
Kollision bei Kilometer .../... (Ort), linkes/rechtes Ufer.
Bei Kilometer .../... (Ort), linkes/rechtes Fahrwasser sitzt ein Fahrzeug fest.
Durchfahrt nur am linken/rechten Ufer möglich.
Vorsicht ... (Name und Gefahrenklasse der gefährdeten Flüssigkeit) läuft aus, Feuergefahr.
Vorsicht ... (Name und Gefahrenklasse des Gases) strömt aus, Feuergefahr/Explosionsgefahr/Vergiftungsgefahr.
Löschen Sie sofort sämtliche Lichter und Feuerstellen.

Zusätzliche Redewendungen für Anweisungen und Mitteilungen durch die für den Betrieb der Wasserstraßen zuständigen Behörden und die Wasserschutzpolizei

Fahren Sie mit großer Vorsicht weiter.
Von ... (Ort)/(Kilometer) ... bis ... (Ort)/(Kilometer) ... Nebel, Sichtweite etwa ... m.
Die Bergfahrt und/oder die Talfahrt ist bei ... (Ort)/(Kilometer) ... gesperrt.
Durchfahrt durch ... (Name) ... Brücke ist gesperrt.
Die rechte/mittlere/linke Öffnung der ... (Name) Brücke ist gesperrt.
Der Hafen ... (Name) ist gesperrt.
Der Schutzhafen ... (Name) ist frei/belegt.

Bitte machen Sie langsam.
Bitte drehen Sie auf, wir kommen an Bord.

Anhang 9: Fremdsprachliche Redewendungen für die Fahrt

Französisch	Niederländisch
Je pousse deux barges en flèche/à couple.	Ik duw twee duwbakken achter elkaar/naast elkaar.
Je pousse six barges, trois longueurs sur deux largeurs.	Ik duw zes duwbakken, drie duwbakken achter elkaar, twee naast elkaar.
Je pousse six barges, deux longueurs sur trois largeurs.	Ik duw zes duwbakken, twee duwbakken achter elkaar en drie naast elkaar.
Accidents	**Onvoorziene gebeurtenissen**
Mon radar est hors service.	Mijn radar is defect.
Mon indicateur de giration est hors service.	Mijn bochtaanwijzer is defect.
Ma machine est en panne.	Mijn motor is uitgevallen.
Mon gouvernail est hors service.	Mijn roer is defect.
Je suis incapable de manoeuvrer.	Ik ben onbestuurbaar.
Je suis échoué.	Ik zit aan de grond.
Je coule et j'ai besoin de secours immédiat.	Ik ben zinkende en heb onmiddelijk hulp nodig.
J'ai une voie d'eau et j'ai besoin de pompe.	Ik ben lek en heb een pomp nodig.
J'ai besoin d'un bateau-pompe.	Ik heb een brandblusboot nodig.
J'ai besoin de la police fluviale.	Ik heb de waterpolitie nodig.
Un homme est tombé par dessus bord, arrêter la navigation.	Man over boord, stoppen met varen.
J'ai besoin d'aide médicale.	Ik heb een dokter nodig.
J'ai besoin d'une ambulance.	Ik heb een ziekenwagen nodig.
Collision au kilomètre .../... lieu, rive gauche/droite.	Bij km ... linker/rechteroever heeft een aanvaring plaatsgevonden.
Au kilomètre .../... (lieu) rive gauche/droite un bateau est échoué. Passage possible rive gauche/droite seulement.	Bij km ... linker/rechteroever is een schip vastgevaren. Voorbijvaren alleen aan de rechter/linkeroever mogelijk.
Attention ... (nom et classe de danger du liquide) se répand, danger d'incendie.	Attentie: er stroomt ... (naam en gevaren klasse van de vloeistof) naar buiten, brandgevaar.
Attention ... (nom et classe de danger du gaz) s'échappe, danger d'incendie/d'explosion/d'empoisonnement.	Attentie: er ontsnapt ... (naam en gevarenklasse van het gas), brandgevaar/explosiegevaar/vergiftingsgevaar.
Eteignez immédiatement toutes les lumières et tous les feux.	Doof onmiddelijk alle lichten en open vuur.
Termes usuels supplémentaires pour directives et informations par les autorités chargées de l'exploitation des voies d'eau et de la police fluviale	**Aanvullende uitdrukkingen voor het geven van aanwijzingen en inlichtingen door de bevoegde autoriteit en de waterpolitie**
Poursuivez votre route avec la plus grande prudence.	U kunt zo langzaam mogelijk verder varen.
Brouillard de ... (lieu) kilomètre ... à ... (lieu) kilomètre ..., visibilité ... m environ.	Tussen ... (plaats) km ... tot ... (plaats) km ... heerst dichte mist met een zicht van minder dan ... m.
La navigation vers l'amont et/ou vers l'aval est barrée à ... (lieu), kilomètre ...	De opvaart en/of de afvaart bij ... (plaats) km ... is gestremd.
Le passage du pont ... (nom) est barré.	Doorvaart door de ... brug is gestremd.
La passe de droite/du milieu/de gauche du pont ... (nom) est barrée.	De rechter/midden/linker doorvaartopening van de ... brug is gestremd.
Le port ... (nom) est fermé.	De haven van ... is gestremd.
Le port de refuge ... (nom) est libre / occupé.	In de vluchthaven en/of overnachtingshaven zijn wel/geen ligplaatsen beschikbaar.
Ralentissez.	Kunt u langzaam aan doen.
Virez vers l'amont nous venons à bord.	Kunt u opdraaien, wij komen aan boord.

Anhang 10: Sprechfunkübungen im Binnenschifffahrtsfunk

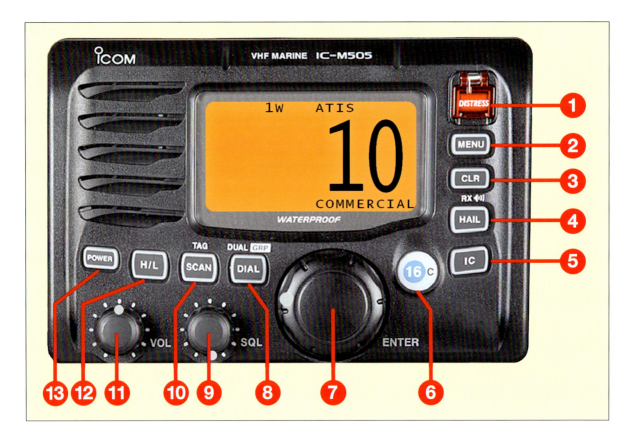

1	**DISTRESS:** durch Drücken (5 Sek.) wird Notalarm ausgelöst
2	**MENU:** durch Drücken gelangt man in das Hauptmenü
3	**CLR:** durch Drücken gelangt man zum vorherigen Menüpunkt
4	**HAIL:** schaltet die Megafon-Funktion ein oder aus
5	**IC:** aktiviert den Intercom-Modus (Kommunikation zwischen zwei Seefunkgeräten)
6	**CH 16:** Schnellschaltung zum Kanal 16
7	**ENTER:** durch Drücken wird ausgewählt, durch Drehen wird verändert (Zahl oder Menüpunkt)
8	**DIAL:** durch Drücken von HO/L und DIAL gemeinsam wird der Betriebsmodus umgestaltet (Seefunk mit DSC, Seefunk ohne DSC und Binnenschifffahrtsfunk), bewegt bei der Eingabe von Zahlen oder Buchstaben den Cursor zurück
9	**SQL:** verändert die Empfindlichkeit des Empfängers
10	**SCAN:** startet einen Suchlauf
11	**VOL:** verändert die Lautstärke
12	**H/L:,** wechselt die Sendeleistung zwischen 1 und 25 Watt
13	**POWER:** schaltet das Gerät ein oder aus

Übung 1

Situation: Das Tankmotorschiff Wesertank 23/DB2345, zu Berg im Raum Minden, Weserkilometer 210, ist auf Grund gelaufen und die Ladung läuft aus. Es besteht Feuergefahr.
Erfordernis: Notmeldung (Anruf und Meldung), weil Ladung ausläuft. Die Hilfe ist von Land zu erwarten.
Vorgehen: Notmeldung (Anruf und Meldung) auf dem entsprechenden NIF-Kanal 22 an Minden Revierzentrale. Zusätzlich kann die Meldung (Anruf und Meldung) auf Kanal 10 gesendet werden. Dieses muss aber auch später bei der Aufhebung berücksichtigt werden.

Mayday   Mayday   Mayday
hier ist
Tankmotorschiff Wesertank 23   Wesertank 23   Wesertank 23/DB 2345
Mayday
Tankmotorschiff Wesertank 23/DB 2345
zu Berg im Raum Minden bei km 210,
auf Grund gelaufen, Ladung läuft aus, Feuergefahr,
bitte erforderliche Maßnahmen einleiten
Bitte kommen

1W ATIS **10** COMMERCIAL

Übung 2

Situation: Auf dem Gütermotorschiff Berta B/DA 5678, zu Tal bei Weserkilometer 320, geht eine Person über Bord. Die Fahrt wird eingestellt und weitere Informationen werden abgekündigt.
Erfordernis: Notmeldung (Anruf und Meldung), weil Lebensgefahr besteht. Hier ist eine Gefahr durch aufkommende Schifffahrt, aber auch Hilfe durch die Schifffahrt zu erwarten.
Vorgehen: Notmeldung (Anruf und Meldung) auf Schiff-Schiff-Kanal 10. Zusätzlich kann die Meldung (Anruf und Meldung) auf dem NIF-Kanal 60 oder 61 an Minden Revierzentrale gesendet werden. Dieses muss aber auch später bei der Aufhebung berücksichtigt werden.

Mayday   Mayday   Mayday
hier ist
Gütermotorschiff Berta B   Berta B   Berta B/DA 5678
Mayday
Gütermotorschiff Berta B/DA 5678
zu Tal auf der Weser bei km 320,
Person über Bord, Fahrt einstellen,
weitere Informationen folgen
Bitte kommen

1W ATIS **10** COMMERCIAL

Übung 3

Situation: Der Schwimmgreifer Steinmarder/DA 2121 führt Uferarbeiten auf dem Wesel-Datteln-Kanal kurz vor Datteln aus. Eine Person ist über Bord gefallen und bereits abgetrieben. Alle nötigen Maßnahmen sind zu veranlassen.
Erfordernis: Notverkehr (Anruf und Meldung) einleiten, weil Lebensgefahr für eine Person besteht.
Vorgehen: Anruf und Meldung auf dem Schiff-Schiff-Kanal 10.

Mayday   Mayday   Mayday
hier ist
Schwimmgreifer Steinmarder   Steinmarder   Steinmarder/DA 2121
Mayday
Schwimmgreifer Steinmarder/DA 2121
auf dem Weser-Datteln-Kanal, linkes Ufer kurz vor Datteln,
Person über Bord und bereits Richtung Datteln abgetrieben,
sofortige Hilfe bei der Suche und Rettung erbeten
Bitte kommen

Kanal 10 (1W ATIS COMMERCIAL)

Das Sportboot Nixe/DB 5161 hat die über Bord gefallene Person gerettet und an Bord genommen. Der Notverkehr (die Funkstille auf Kanal 10) wird um 12:15 Ortszeit aufgehoben.

Mayday
an alle Schiffsfunkstellen   an alle Schiffsfunkstellen   an alle Schiffsfunkstellen
hier ist
Sportboot Nixe/DB 5161
12:15 Uhr Ortszeit
Schwimmgreifer Steinmarder
Silence fini

Kanal 10 (1W ATIS COMMERCIAL)

Übung 4

Situation: Der Schubverband Loreley/DC 3467, zu Berg im Raum Duisburg bei Rheinkilometer 807, hat einen verletzten Matrosen, vermutlich mit einem Beinbruch, und erbittet ärztliche Hilfe.
Erfordernis: Dringlichkeitsmeldung, weil keine Lebensgefahr besteht. Hier wird Hilfe von Land benötigt.
Vorgehen: Dringlichkeitsmeldung auf dem entsprechenden NIF-Kanal 18 an Duisburg Revierzentrale.

Pan Pan   Pan Pan   Pan Pan
Duisburg Revierzentrale   Duisburg Revierzentrale   Duisburg Revierzentrale
hier ist
Schubverband Loreley   Loreley   Loreley/DC 3467
zu Berg im Raum Duisburg bei km 807, Matrose verletzt, vermutlich Beinbruch,
erbitte ärztliche Hilfe
Bitte kommen

Kanal 18 (1W ATIS DUP INTL)

Übung 5

Situation: Das Gütermotorschiff Hoffnung/DF 5623, zu Tal im Raum Mannheim bei Rheinkilometer 425, ist auf Grund gelaufen. Ladung und Treibstoff treten nicht aus. Schlepperhilfe muss erbeten werden.

Erfordernis: Dringlichkeitsmeldung, weil keine Ladung bzw. kein Treibstoff ausläuft. Hier könnte Schlepphilfe z. B. durch ein anderes Fahrzeug direkt erfragt werden.

Vorgehen: Dringlichkeitsmeldung an alle Schiffsfunkstellen auf Schiff-Schiff-Kanal 10 (Zurücknahme nicht vergessen). Gegebenenfalls Dringlichkeitsmeldung auf dem NIF-Kanal 20 an Oberwesel Revierzentrale.

Pan Pan Pan Pan Pan Pan	1W ATIS
an alle Schiffsfunkstellen an alle Schiffsfunkstellen an alle Schiffsfunkstellen	**10**
hier ist	COMMERCIAL
Gütermotorschiff Hoffnung Hoffnung Hoffnung/DF 5623	
zu Tal im Raum Mannheim bei Rheinkilometer 425, bin auf Grund gelaufen,	
Ladung und Treibstoff treten nicht aus, erbitte Schlepphilfe	
Bitte kommen	

Übung 6

Situation: Das Tankmotorschiff Rheinland/DB 5432 befindet sich zu Tal auf der Weser kurz vor Nienburg. Ein Matrose hat sich das Bein gebrochen und muss ins Krankenhaus.

Erfordernis: Hilfe erforderlich, keine Lebensgefahr.

Vorgehen: Dringlichkeitsmeldung auf dem NIF-Kanal 27.

Pan Pan Pan Pan Pan Pan	1W ATIS DUP
Minden Revierzentrale Minden Revierzentrale Minden Revierzentrale	**27**
hier ist	TELEPHONE
Tankmotorschiff Rheinland Rheinland Rheinland/DB 5432	
zu Tal kurz vor Nienburg, ein Matrose hat sich das Bein gebrochen,	
bitte bestellen Sie einen Rettungswagen zum Hafen Nienburg	
Bitte kommen	

Übung 7

Situation: Das Gütermotorschiff Annemarie/DA 5779 teilt der Revierzentrale Minden das Vertreiben einer Fahrwassertonne bei km 160 bei Rinteln mit.

Erfordernis: Sicherheitsmeldung, da Gefahr für die Schifffahrt besteht.

Vorgehen: Anruf auf NIF-Kanal 20.

Securite Securite Securite	1W ATIS DUP
Minden Revierzentrale Minden Revierzentrale Minden Revierzentrale	**20**
hier ist	PORT OPR
Gütermotorschiff Annemarie Annemarie Annemarie/DA 5779	
zu Berg im Raum Rinteln bei km 160, ich melde eine vertriebene Fahrwassertonne	
Bitte kommen	

Übung 8

Situation: Das Fahrgastschiff Weserbergland/DJ 2189, unterwegs zu Berg im Raum Hameln bei Weserkilometer 130,5, stellt dichten Nebel im Raum Hameln fest, die Sichtweite liegt bei etwa 50 Meter. Die Schifffahrt soll gewarnt werden.
Erfordernis: Sicherheitsmeldung, weil eine Gefahr für die Schifffahrt besteht.
Vorgehen: Zunächst Anruf auf dem Schiff-Schiff-Kanal 10 an alle Schiffsfunkstellen. Weiterhin kann Minden Revierzentrale informiert werden.

Securite Securite Securite	1W ATIS
an alle Schiffsfunkstellen an alle Schiffsfunkstellen an alle Schiffsfunkstellen	**10**
hier ist	COMMERCIAL
Fahrgastschiff Weserbergland Weserbergland Weserbergland/DJ 2189	
zu Berg im Raum Hameln bei Weserkilometer 130,5, dichter Nebel im Raum Hameln,	
Sichtweite etwa 50 Meter, vorsichtig fahren	
Bitte kommen	

Übung 9

Situation: Das Fahrgastschiff Prinz Hamlet/DJ 4114 fährt auf der Weser im Raum Hameln bei Kilometer 130 und entdeckt dort treibende Baumstämme. Hinter dem Schiff befinden sich weitere Fahrzeuge. Die entsprechenden Maßnahmen sind zu ergreifen.
Erfordernis: Sicherheitsmeldung, da Gefahr für die Schifffahrt besteht.
Vorgehen: Sicherheitsmeldung auf dem Schiff-Schiff-Kanal 10.

Securite Securite Securite	1W ATIS
an alle Schiffsfunkstellen an alle Schiffsfunkstellen an alle Schiffsfunkstellen	**10**
hier ist	COMMERCIAL
Fahrgastschiff Prinz Hamlet Prinz Hamlet Prinz Hamlet/DJ 4114	
zu Tal im Raum Hameln bei km 130, treibende Baumstämme gesichtet,	
Gefahr für die Schifffahrt	
Bitte kommen	

Übung 10

Situation: Das Tankmotorschiff Biene/DG 2112 erkundigt sich bei der Schleuse Dörverden, ob die Einfahrt in den oberen Schleusenhafen frei ist.
Erfordernis: Routineverkehr durchführen.
Vorgehen: Anruf auf NIF-Kanal 61.

Dörverden Schleuse	1W ATIS DUP
hier ist	**61**
Tankmotorschiff Biene Biene/DG 2112	INTL
zu Tal 500 m vor der Schleuse, ist die Einfahrt in den oberen Schleusenhafen frei?	
Bitte kommen	

Übung 11

Situation: Der Schubverband Rheintal fährt auf dem Küstenkanal und möchte auf dem Dortmund-Ems-Kanal zu Berg fahren. Circa 1 km vor Dörpen erkundigt sich der Schiffsführer nach Schifffahrt auf dem Kanal.
Erfordernis: Routineverkehr durchführen.
Vorgehen: Anruf auf Schiff-Schiff-Kanal 10.

An alle Schiffsfunkstellen   an alle Schiffsfunkstellen   an alle Schiffsfunkstellen
hier ist
Schubverband Rheintal   Rheintal   Rheintal
auf dem Küstenkanal ca. 1 km vor Dörpen, wir möchten in ca. 15 Minuten in den
Dortmund-Emskanal einbiegen und zu Berg fahren, sind Fahrzeuge in der Nähe?
Bitte kommen

1W ATIS 10 COMMERCIAL

Übung 12

Situation: Das Fahrgastschiff Donauprinzessin/DA 4150 fährt zu Berg auf dem Rhein im Raum St. Goar bei Kilometer 570 und möchte sich mit der zu Tal fahrenden Schifffahrt über die Begegnung absprechen.
Erfordernis: Routineverkehr durchführen.
Vorgehen: Anruf auf Schiff-Schiff-Kanal 10 an Talfahrt auf dem Rhein im Raum St. Goar.

An alle Schiffsfunkstellen   an alle Schiffsfunkstellen   an alle Schiffsfunkstellen
hier ist
Fahrgastschiff Donauprinzessin Donauprinzessin   Donauprinzessin/DA 4150
zu Berg im Raum St. Goar bei km 570, ich bitte um Absprache bezüglich Begegnung
Grün an Grün im Bereich der Loreley
Bitte kommen

1W ATIS 10 COMMERCIAL

Übung 13

Situation: Das Gütermotorschiff Weser/DA 4522 befindet sich auf der Weser ca. 500 m vor der Schleuse Petershagen und möchte zu Berg schleusen. Laut Schleusenplan beginnt die Bergschleusung in zwei Minuten. Das Schiff meldet sich bei der Schleuse, um möglichst noch an dieser Schleusung teilzunehmen.
Erfordernis: Routineverkehr durchführen.
Vorgehen: Anruf auf dem NIF-Kanal 20.

Petershagen Schleuse
hier ist
Gütermotorschiff Weser   Weser/DA 4522
zu Berg 500 m vor dem unteren Schleusenhafen,
Frage: Ist die Einfahrt in den Schleusenhafen frei?
Bitte kommen

1W ATIS DUP 20 PORT OPR

Übung 14

Situation: Das Segelboot Hein Blöd/DG 4711 vermutet oberhalb der Schleuse Meppen Vereinskollegen mit deren Motorboot Käpt'n Blaubär. Die Hein Blöd liegt selbst noch unterhalb der Schleuse.
Erfordernis: Routineverkehr durchführen.
Vorgehen: 1. Das Segelboot Hein Blöd erkundigt sich nach den Schleusenzeiten. 2. Mit den Vereinskollegen wird Verbindung aufgenommen, um ein Treffen im nächsten Clubheim zu vereinbaren.

1. Anruf auf dem NIF-Kanal 18

Meppen Schleuse
hier ist
Segelboot Hein Blöd   Hein Blöd/DG 4711
zu Berg vor dem unteren Schleusenhafen,
Frage: Wie sind die Schleusenzeiten?
Bitte kommen

2. Anruf auf dem Schiff-Schiff-Kanal 10

Motorboot Käpt'n Blaubär   Käpt'n Blaubär/DJ 3232
hier ist
Segelboot Hein Blöd   Hein Blöd/DG 4711
Bitte auf Kanal 77 kommen

Nach dem Verständigungsverkehr wird auf Kanal 77 gewechselt.

3. Anruf auf dem Schiff-Schiff-Kanal 77

Motorboot Käpt'n Blaubär   Käpt'n Blaubär/DJ 3232
hier ist
Segelboot Hein Blöd   Hein Blöd/DG 4711
Wie hörst du mich?
Bitte kommen

Anhang 11: Empfohlener Ablaufplan für Funkprüfungen

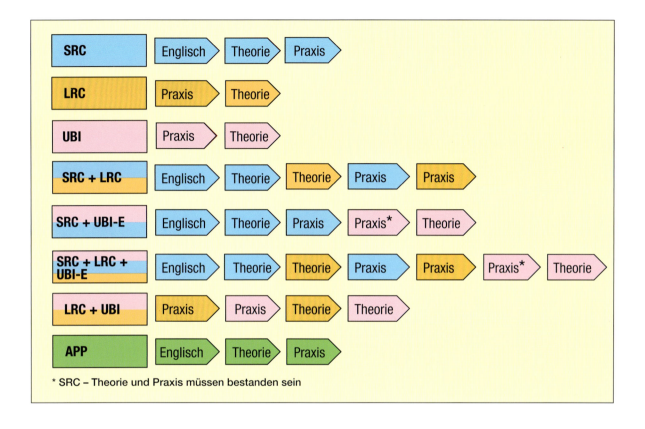

Anhang 12: Fragenkatalog UBI

UBI
Fragebogen

01 UBI

Schriftliche Prüfung für das UKW-Sprechfunkzeugnis für den Binnenschifffahrtsfunk

Bearbeitungszeit: 60 Minuten
Je Frage ist eine Antwort richtig

Von dem/der Bewerber/in auszufüllen

Name Vorname Geburtsdatum

Prüfungsort Datum

Bewertung (von dem/der **Prüfer/in** auszufüllen)

Erreichte Punkte 22

Die schriftliche Prüfung zum UBI ist:

bestanden (17 bis 22 Punkte)

nicht bestanden (0 bis 16 Punkte)

Stempel Prüfungsausschuss

Der/Die Vorsitzende der Prüfungskommission, Stempel

Prüfer/in, Stempel

Anhang 12: Fragenkatalog
für das UKW-Sprechfunkzeugnis für den Binnenschifffahrtsfunk (UBI)

I	Binnenschifffahrtsfunk	Seite	141
II	Funkeinrichtungen und Schiffsfunkstellen	Seite	147
III	Verkehrskreise	Seite	154
IV	Sprechfunk	Seite	159
V	Betriebsverfahren und Rangfolgen	Seite	165

Die jeweils erste Antwort (A) ist immer die richtige.

I. Binnenschifffahrtsfunk

1. Was ist Binnenschifffahrtsfunk?

A) Internationaler mobiler UKW/VHF-Sprechfunkdienst auf Binnenschifffahrtsstraßen
B) Nationaler mobiler UKW/VHF-Sprechfunkdienst auf Binnenschifffahrtsstraßen
C) Internationales UKW/VHF-Sprechfunkverfahren im Binnenbereich
D) Nationales UKW/VHF-Sprechfunkverfahren im Binnenbereich

2. Wozu dient der Binnenschifffahrtsfunk?

A) Funkverkehr für bestimmte Zwecke auf vereinbarten Kanälen (Verkehrskreise) und nach einem festgelegten Betriebsverfahren
B) Funkverkehr für Schiffsfunkstellen zu bestimmten Zwecken auf vereinbarten Kanälen (Verkehrskreise) und nach einem festgelegten Betriebsverfahren
C) Funkverkehr zu Landfunkstellen für bestimmte Zwecke auf vereinbarten Kanälen (Verkehrskreise) und nach einem festgelegten Betriebsverfahren
D) Funkverkehr für Schiffsfunkstellen über Landfunkstellen auf vereinbarten Kanälen (Verkehrskreise) und nach einem festgelegten Betriebsverfahren

3. Wo findet man Angaben über die grundsätzlichen Regelungen für den Binnenschifffahrtsfunk in Europa?

A) Regionale Vereinbarung über den Binnenschifffahrtsfunk (RAINWAT)
B) International Convention for the Safety of Life at Sea (SOLAS)
C) Verwaltungsvereinbarung über die Koordinierung von Frequenzen (HCM)
D) Binnenschifffahrt-Sprechfunkverordnung (BinSchSprFunkV)

4. Was ist eine „ortsfeste Funkstelle"?

A) Funkstelle, die an Land betrieben wird
B) Funkstelle, die von der Fernmeldebehörde betrieben wird
C) Funkstelle, die an Bord eines nicht dauernd festgemachten Binnenschiffes betrieben wird
D) Funkstelle, die im Verkehrskreis Funkverkehr an Bord betrieben wird

5. Was ist eine „Revierzentrale"?

A) Zentrale Landfunkstelle
B) Zentrale Schiffsfunkstelle
C) Zentrale Telematikdienste
D) Zentrale Seefunkstelle

6. Was ist ein „Verkehrsposten"?

A) Zentrale ortsfeste Funkstelle in den Niederlanden
B) Zentrale mobile Funkstelle in den Niederlanden
C) Zentrale ortsfeste Funkstelle in den Niederlanden und in Frankreich
D) Zentrale mobile Funkstelle in den Niederlanden und in Frankreich

7. Was ist ein „Blockkanal"?

A) Funkkanal für sicherheitsrelevante Meldungen der Verkehrsposten und Schiffsfunkstellen in den Niederlanden
B) Funkkanal für Routinegespräche der Verkehrsposten und Schiffsfunkstellen in den Niederlanden
C) Gesperrter Funkkanal der Verkehrsposten und Verkehrszentralen in den Niederlanden
D) Funkkanal für öffentlichen Nachrichtenaustausch zwischen den Verkehrsposten in den Niederlanden

8. Was bedeutet „MIB"?

A) Melde- und Informationssystem in der Binnenschifffahrt
B) Maritimes Identifikationssystem in der Binnenschifffahrt
C) Mobiles Informationssystem in der Binnenschifffahrt
D) Melde- und Identifikationssystem in der Binnenschifffahrt

9. **Wo darf der Inhaber eines in Deutschland erworbenen UKW-Sprechfunkzeugnisses für den Binnenschifffahrtsfunk am Funkverkehr teilnehmen?**

A) In allen Ländern, die der Regionalen Vereinbarung über den Binnenschifffahrtsfunk beigetreten sind
B) In allen Mitgliedstaaten der EU
C) In allen Staaten, die die Vollzugsordnung für den Funkdienst ratifiziert haben
D) In allen deutschsprachigen Ländern

10. **Wo berechtigt das UKW-Sprechfunkzeugnis für den Binnenschifffahrtsfunk (UBI) auch zur Teilnahme am mobilen Seefunkdienst?**

A) Wasserstraßen der Zonen 1 bis 2
B) Wasserstraßen der Zonen 2 bis 4
C) Wasserstraßen der Zonen 1 bis 4
D) Wasserstraßen der Zonen 2 bis 3

11. **Wer erteilt das UKW-Sprechfunkzeugnis für den Binnenschifffahrtsfunk (UBI)?**

A) Fachstelle der WSV für Verkehrstechniken und die Prüfungsausschüsse des Deutschen Motoryachtverbandes e. V. und des Deutschen Segler-Verbandes e. V.
B) Bundesnetzagentur (BNetzA) und Fachstelle der WSV für Verkehrstechniken (FVT)
C) Zentrale Verwaltungsstelle (ZVST) und Wasser- und Schifffahrtsdirektionen (WSD)
D) Wasser- und Schifffahrtsämter (WSA) und Bundesnetzagentur (BNetzA)

12. **Welches Funkzeugnis berechtigt nicht zur Teilnahme am Weltweiten Seenot- und Sicherheitsfunksystem (GMDSS)?**

A) UKW-Sprechfunkzeugnis für den Binnenschifffahrtsfunk (UBI)
B) Beschränkt Gültiges Funkbetriebszeugnis (SRC)
C) Allgemeines Funkbetriebszeugnis (LRC)
D) Allgemeines Betriebszeugnis für Funker (GOC)

13. **Welches Funkzeugnis berechtigt nicht zur Teilnahme am Binnenschifffahrtsfunk?**

A) Amateurfunkzeugnis
B) UKW-Sprechfunkzeugnis für den Binnenschifffahrtsfunk (UBI)
C) Allgemeines Sprechfunkzeugnis für den Seefunkdienst
D) Beschränkt gültiges Betriebszeugnis für Funker I (BZ I)

14. Worauf ist bei der Teilnahme am Binnenschifffahrtsfunk in anderen Ländern zu achten?

A) Die Bestimmungen im Regionalen Teil des Handbuchs Binnenschifffahrtsfunk sind zu beachten
B) Die Bestimmungen der Binnenschifffahrt-Sprechfunkverordnung sind zu beachten
C) Die Bestimmungen der EU-Kommission sind zu beachten
D) Die Bestimmungen der Binnenschifffahrtsstraßen-Ordnung sind zu beachten

15. Wo findet man grundsätzliche Bestimmungen über den Sprechfunk auf den jeweiligen Bundeswasserstraßen?

A) Schifffahrtspolizeiverordnungen
B) Binnenschifffahrtpatentverordnung
C) Binnenschifffahrt-Sprechfunkverordnung
D) Binnenschiffsuntersuchungsordnung

16. Wo findet man z. B. Angaben über die Ausrüstungspflicht mit Funkanlagen auf Binnenschiffen?

A) Binnenschifffahrtstraßen-Ordnung
B) Binnenschifffahrt-Sprechfunkverordnung
C) Binnenschifferpatentverordnung
D) Schiffssicherheitsverordnung

17. Wo findet man Angaben über die Funkbenutzungspflicht für Fahrzeuge auf bestimmten Binnenschifffahrtsstraßen?

A) Regionale Teile des Handbuchs Binnenschifffahrtsfunk
B) Allgemeiner Teil des Handbuchs Binnenschifffahrtsfunk
C) Binnenschifffahrt-Sprechfunkverordnung
D) Binnenschifferpatentverordnung

18. Das Abhörverbot und das Fernmeldegeheimnis sind geregelt ...

A) im Telekommunikationsgesetz (TKG)
B) in der Binnenschifffahrt-Sprechfunkverordnung (BinSchSprFunkV)
C) in der Schiffssicherheitsverordnung (SchSV)
D) im Gesetz über Funkanlagen und Telekommunikationsendeinrichtungen (FTEG)

19. Was unterliegt dem Fernmeldegeheimnis?

A) Inhalt des Funkverkehrs und seine näheren Umstände, insbesondere die Tatsache, ob jemand an der Abwicklung des Funkverkehrs beteiligt ist oder war
B) Inhalt des Funkverkehrs und seine näheren Umstände, insbesondere konkrete Daten wie z. B. der ATIS-Code
C) Inhalt des Funkverkehrs und seine näheren Umstände, sofern es sich um Nachrichtenaustausch mit einer Revierzentrale handelt
D) Inhalt des Funkverkehrs und seine näheren Umstände, sofern es sich um Nachrichtenaustausch im Rahmen des Not-, Dringlichkeits- und Sicherheitsverkehrs handelt

20. Welche Nachrichten dürfen uneingeschränkt aufgenommen und verbreitet werden?

A) Aussendungen, die „An alle Funkstellen" gerichtet sind
B) Aussendungen des Öffentlichen Nachrichtenaustauschs
C) Aussendungen im Verkehrskreis Funkverkehr an Bord
D) Aussendungen im Binnenschifffahrtsfunk dürfen uneingeschränkt aufgenommen und verbreitet werden

21. Welche Folgen kann die Verletzung des Fernmeldegeheimnisses haben?

A) Strafrechtliche Verfolgung
B) Ordnungswidrigkeitsverfahren
C) Schriftliche Verwarnung
D) Einzug der Funkanlage

22. Welchen Frequenzbereich nutzt der Binnenschifffahrtsfunk?

A) Ultrakurzwelle (UKW/VHF)
B) Kurzwelle (KW/HF)
C) Grenzwelle (GW/MF)
D) Langwelle (LW/LF)

23. Wie breiten sich Ultrakurzwellen aus?

A) Geradlinig und quasioptisch
B) Abhängig von der Tageszeit
C) Der Erdkrümmung folgend bis weit hinter den Horizont
D) In der Ionosphäre reflektiert

24. Welche Faktoren können die Ausbreitung der Ultrakurzwellen beeinflussen?

A) Hindernisse, z. B. Berge oder hohe Bauwerke
B) Niederschläge, z. B. Schnee- oder Regenschauer
C) Tag- und Nachtschwankungen
D) Kurs und Geschwindigkeit des Schiffes

II. Funkeinrichtungen und Schiffsfunkstellen

25. Was ist eine „Schiffsfunkstelle"?

A) Mobile Funkstelle des Binnenschifffahrtsfunks
B) Mobile Funkstelle des mobilen Seefunkdienstes
C) Ortsfeste Funkstelle des Binnenschifffahrtsfunks
D) Ortsfeste Funkstelle des mobilen Seefunkdienstes

26. Was ist eine „Seefunkstelle"?

A) Funkstelle des Mobilen Seefunkdienstes an Bord eines nicht dauernd verankerten Seefahrzeuges
B) Funkstelle des Mobilen Seefunkdienstes, die an Land als Küstenfunkstelle betrieben wird
C) Funkstelle des Binnenschifffahrtsfunks, die im Seebereich an Bord eines Seeschiffes betrieben wird
D) Funkstelle des Mobilen Seefunkdienstes, die im Verkehrskreis Nautische Information betrieben wird

27. Wer darf eine Schiffsfunkstelle bedienen?

A) Inhaber eines gültigen Sprechfunkzeugnisses für den Binnenschifffahrtsfunk (UBI) oder eines gleichwertigen Zeugnisses
B) Personen, die ohne Aufsicht eines Funkzeugnisinhabers am Funkverkehr teilnehmen, sofern sie älter als 16 Jahre sind
C) Nur der Schiffsführer, sofern er über ein gültiges Sprechfunkzeugnis für den Binnenschifffahrtsfunk (UBI) verfügt
D) Personen, die über einen gültigen Sportbootführerschein-Binnen und über die Erlaubnis des Schiffsführers verfügen

28. Wer stellt in Deutschland die Frequenzzuteilungsurkunde für eine Schiffsfunkstelle aus?

A) Bundesnetzagentur (BNetzA)
B) Fachstelle der WSV für Verkehrstechniken (FVT)
C) Wasser- und Schifffahrtsdirektion (WSD)
D) Wasser- und Schifffahrtsamt (WSA)

29. Der Betrieb einer Schiffsfunkstelle ohne Frequenzzuteilung verstößt gegen Vorschriften ...

A) des Telekommunikationsgesetzes (TKG)
B) der Binnenschifffahrtstraßen-Ordnung (BinSchStrO)
C) des Gesetzes über Funkanlagen und Telekommunikationsendeinrichtungen (FTEG)
D) der Binnenschifffahrt-Sprechfunkverordnung (BinSchSprFunkV)

30. Die Bedienung einer Schiffsfunkstelle ohne Erlaubnis (UKW-Sprechfunkzeugnis) verstößt gegen Vorschriften...

A) der Binnenschifffahrt-Sprechfunkverordnung (BinSchSprFunkV)
B) der Binnenschifffahrtstraßen-Ordnung (BinSchStrO)
C) des Gesetzes über Funkanlagen und Telekommunikationsendeinrichtungen (FTEG)
D) des Telekommunikationsgesetzes (TKG)

31. Welches amtliche Dokument für eine Schiffsfunkstelle muss sich an Bord befinden?

A) Frequenzzuteilungsurkunde
B) UKW-Sprechfunkzeugnis
C) UKW-Betriebszeugnis
D) Zulassungsurkunde

32. Die telekommunikationsrechtliche Überprüfung einer Schiffsfunkstelle wird durchgeführt von ...

A) Bundesnetzagentur (BNetzA)
B) Fachstelle der WSV für Verkehrstechniken (FVT)
C) Wasser- und Schifffahrtsdirektion (WSD)
D) Wasser- und Schifffahrtsamt (WSA)

33. Wer ist bei Eignerwechsel eines Binnenschiffes in Bezug auf die Schiffsfunkstelle zu benachrichtigen?

A) Bundesnetzagentur (BNetzA)
B) Fachstelle der WSV für Verkehrstechniken (FVT)
C) Wasser- und Schifffahrtsdirektion (WSD)
D) Wasser- und Schifffahrtsamt (WSA)

34. Wer ist bei technischen Änderungen an einer Schiffsfunkstelle, z. B. beim Austausch der vorhandenen Funkgeräte durch andere Gerätetypen schriftlich zu informieren?

A) Bundesnetzagentur (BNetzA)
B) Fachstelle der WSV für Verkehrstechniken (FVT)
C) Wasser- und Schifffahrtsdirektion (WSD)
D) Wasser- und Schifffahrtsamt (WSA)

35. Wer kann die Einstellung des Betriebes einer Schiffsfunkstelle anordnen?

A) Bundesnetzagentur (BNetzA)
B) Fachstelle der WSV für Verkehrstechniken (FVT)
C) Wasser- und Schifffahrtsdirektion (WSD)
D) Wasser- und Schifffahrtsamt (WSA)

36. Welche Teile des Handbuchs Binnenschifffahrtsfunk müssen bei einer Schiffsfunkstelle mitgeführt werden?

A) Allgemeiner Teil sowie Regionale Teile für die Strecken, in denen die Schiffsfunkstelle am Binnenschifffahrtsfunk teilnimmt
B) Regionale Teile für die Strecke, in der sich die Schiffsfunkstelle gerade befindet
C) Regionale Teile für alle europäischen Wasserstraßen
D) Allgemeiner Teil sowie Regionale Teile des Landes, in dem die Schiffsfunkstelle angemeldet wurde

37. Woraus besteht das Rufzeichen für eine deutsche Schiffsfunkstelle?

A) Zwei Buchstaben der Rufzeichenreihe für Deutschland, gefolgt von vier Ziffern
B) Vier Buchstaben der Rufzeichenreihe für Deutschland, gefolgt von vier Ziffern
C) Zwei Buchstaben der Rufzeichenreihe für Deutschland, gefolgt von zwei Ziffern
D) Vier Buchstaben der Rufzeichenreihe für Deutschland, gefolgt von zwei Ziffern

38. Welches der nachfolgend angegebenen Rufzeichen kennzeichnet eine Schiffsfunkstelle?

A) DA 5005
B) DABC 55
C) DA5 0BC
D) DA 505B

39. Was bedeutet „ATIS"?

A) Automatisches Senderidentifizierungssystem
B) Automatisches Schiffsidentifizierungssystem
C) Automatisches Verkehrsinformationssystem
D) Automatisches Transponderabfragesystem

40. Welchem Zweck dient die Aussendung eines ATIS-Codes?

A) Identifizierung einer Schiffsfunkstelle
B) Identifizierung einer Seefunkstelle
C) Identifizierung des Bedieners der Schiffsfunkstelle
D) Identifizierung des Verkehrskreises

41. Wie setzt sich der ATIS-Code zusammen?

A) Aus 10 Ziffern: der Ziffer 9, der dreistelligen Seefunkkennzahl (MID) und 6 Ziffern
B) Aus 10 Ziffern: der dreistelligen Seefunkkennzahl (MID), 6 Ziffern
C) Aus 10 Ziffern: der Ziffer 9, zwei Nullen, der dreistelligen Seefunkkennzahl (MID) und 4 Ziffern
D) Aus 10 Ziffern: zwei Nullen, der dreistelligen Seefunkkennzahl (MID) und 5 Ziffern

42. Wann wird das ATIS-Signal ausgesendet?

A) Nach dem Loslassen der Sprechtaste
B) Beim Drücken der Sprechtaste
C) Alle 10 Minuten
D) Bei Kanalwechsel

43. Welchen ATIS-Code sendet eine tragbare Funkanlage aus?

A) ATIS-Code der Schiffsfunkstelle, zu der sie gehört
B) ATIS-Code, der ihr gesondert mit der Frequenzzuteilung zugewiesen wurde
C) ATIS-Code der ortsfesten Funkstelle
D) ATIS-Code der Schiffsfunkstelle und die Gerätenummer

44. Was ist ein „ATIS-Killer"?

A) Zusatzeinrichtung in der Funkanlage zur akustischen Unterdrückung des empfangenen ATIS-Signals
B) Zusatzeinrichtung in der Funkanlage zur optischen Unterdrückung des empfangenen ATIS-Signals
C) Zusatzeinrichtung in der Funkanlage zur Unterdrückung der versehentlichen Aussendung des ATIS-Signals
D) Zusatzeinrichtung in der Funkanlage zur Unterdrückung der Aussendung des ATIS-Signals

45. Was versteht man unter „AIS"?

A) Automatisches Schiffsidentifizierungs- und Überwachungssystem, das statische, dynamische und reisebezogene Informationen auf UKW überträgt
B) Allgemeines Informationssystem für die Binnenschifffahrt
C) Automatische Aussendung der Kennung eines Binnenschiffes beim Loslassen der Sprechtaste
D) Identifizierung eines Schiffes mit Hilfe von Radarpeilungen und deren Weitergabe an die Schifffahrt zur Kollisionsverhütung

46. Welche Informationen werden bei AIS automatisch ausgetauscht?

A) Statische Informationen (z. B. Schiffsname), dynamische Informationen (z. B. Kurs) und reisebezogene Informationen (z. B. Bestimmungsort)
B) Statische Informationen (z. B. Schiffsname), notfallbezogene Informationen (z. B. Notalarme) und reisebezogene Informationen (z. B. Bestimmungsort)
C) Statische Informationen (z. B. Schiffsname), reisebezogene Informationen (z. B. Bestimmungsort) und dringende Informationen (z. B. Treibstoffmangel)
D) Statische Informationen (z. B. Schiffsname), dynamische Informationen (z. B. Kurs) und notfallbezogene Informationen (z. B. Notalarme)

47. Was ist beim Betrieb einer Amateurfunkstelle an Bord eines Binnenschiffes, das mit einer Schiffsfunkstelle ausgerüstet ist, zu beachten?

A) Die Amateurfunkstelle darf nur mit Zustimmung des Schiffsführers betrieben werden und keine schädlichen Störungen bei der Schiffsfunkstelle oder bei sonstigen nautischen und technischen Einrichtungen des Fahrzeugs verursachen
B) Die Amateurfunkstelle darf nur mit Zustimmung des Schiffsführers und zur Vermeidung von schädlichen Störungen nur mit einer Leistung von bis zu 5 Watt betrieben werden
C) Die Amateurfunkstelle darf nur mit Zustimmung der Revierzentrale betrieben werden und keine schädlichen Störungen bei der Schiffsfunkstelle oder bei sonstigen nautischen und technischen Einrichtungen des Fahrzeugs verursachen
D) Die Amateurfunkstelle darf nur nach Eintragung in die Frequenzzuteilungsurkunde der Schiffsfunkstelle betrieben werden und keine schädlichen Störungen bei der Schiffsfunkstelle oder bei sonstigen nautischen und technischen Einrichtungen des Fahrzeugs verursachen

48. Was bedeutet die Angabe „Betriebsspannung 10,8–14,6 V=" in der Bedienungsanleitung für eine Funkanlage?

A) Es ist eine Gleichspannung zwischen 10,8 und 14,6 Volt für den Betrieb erforderlich
B) Es ist eine Wechselspannung zwischen 10,8 und 14,6 Volt für den Betrieb erforderlich
C) Es ist eine Gleichspannung von 12,7 Volt (Mittelwert zwischen 10,8 und 14,6 Volt) für den Betrieb erforderlich.
D) Es ist eine Wechselspannung von 12,7 Volt (Mittelwert zwischen 10,8 und 14,6 Volt) für den Betrieb erforderlich

49. Was ist beim Kauf eines UKW-Sprechfunkgerätes für den Binnenschifffahrtsfunk zu beachten?

A) Das Funkgerät muss zugelassen oder für die Teilnahme am Binnenschifffahrtsfunk in Verkehr gebracht worden sein
B) Das Funkgerät muss funktionsfähig und für die Teilnahme am Binnenschifffahrtsfunk TÜV-geprüft sein
C) Das Funkgerät muss für die Teilnahme am Binnenschifffahrtsfunk eine ATIS-Schnittstelle besitzen und Wetterberichte empfangen können
D) Das Funkgerät muss gemäß der Binnenschifffahrt-Sprechfunkverordnung für die Teilnahme am Binnenschifffahrtsfunk zugelassen sein

50. Je höher die Antenne angebracht ist, desto …

A) größer ist die Reichweite
B) größer ist die erforderliche Sendeleistung
C) wetterunabhängiger ist der Funkverkehr
D) größer wird die Gefährdung von Personen in elektromagnetischen Feldern

51. Bei einer Beschädigung der äußeren Isolierung (Mantel) des Antennenkabels sollte das Antennenkabel …

A) umgehend erneuert werden
B) bei Gelegenheit erneuert werden
C) umgehend hilfsweise durch ein Stromkabel ersetzt werden
D) bei Gelegenheit gegen eindringende Feuchtigkeit gesichert werden

52. Eine Schiffsfunkstelle empfängt auf allen UKW-Kanälen nur starkes Rauschen. Was könnte die mögliche Ursache für die Störung sein?

A) Die Antenne oder das Antennenkabel ist möglicherweise beschädigt
B) Der Empfang wird durch atmosphärische Störungen beeinträchtigt
C) Eine unbeabsichtigte Aussendung einer anderen Schiffsfunkstelle blockiert die UKW-Kanäle
D) Die Funkantenne wurde in zu geringer Nähe zur Radarantenne angebracht

53. Worauf ist beim Austausch einer defekten UKW-Antenne bei einer Schiffsfunkstelle durch eine Ersatzantenne zu achten?

A) Die Ersatzantenne muss für den Frequenzbereich des Binnenschifffahrtsfunks ausgelegt sein
B) Die Ersatzantenne muss wettergeschützt angebracht werden
C) Die Ersatzantenne muss außerhalb des Abdeckungsbereichs des Radars angebracht werden
D) Die Ersatzantenne muss am höchsten Punkt des Fahrzeugs angebracht werden

54. Wozu dient am UKW-Gerät die Rauschsperre (Squelch)?

A) Die Wiedergabe des Empfängers wird nur bei einem brauchbaren Empfangssignal aktiviert
B) Das Rauschen kann stufenlos auf einen angenehmen Wert eingestellt werden
C) Die Rauschsperre verbessert die Wiedergabe von schwachen Empfangssignalen
D) Die Wiedergabe des Empfängers wird nur beim Empfang von Notsignalen aktiviert

III. Verkehrskreise

55. Wozu dient ein „Verkehrskreis" im Binnenschifffahrtsfunk?

A) Zuordnung von Sprechfunk-Kanälen für bestimmte Zwecke
B) Zuordnung von Sprechfunk-Kanälen für bestimmte Schiffsfunkstellen
C) Zuordnung der Rangfolge von bestimmten Arten von Funkgesprächen
D) Zuordnung von Sprechfunk-Rufzeichen für bestimmte Funkstellen

56. Welche Verkehrskreise werden im Binnenschifffahrtsfunk betrieben?

A) Schiff-Schiff, Nautische Information, Schiff-Hafenbehörde, Funkverkehr an Bord
B) Schiff-Schiff, Schiff-Verkehrszentrale, Schiff-Hafenbehörde, Funkverkehr an Bord
C) Schiff-Schiff, Nautische Information, Schiff-Hafenbehörde, Schiff-Verkehrsposten
D) Schiff-Schiff, Nautische Information, Schiff-Hafenbehörde, Schiff-Landfunkstelle

57. Wo findet man Angaben über die Verkehrskreise des Binnenschifffahrtsfunks?

A) Binnenschifffahrt-Sprechfunkverordnung
B) Regionaler Teil Deutschland des Handbuchs Binnenschifffahrtsfunk
C) Gesetz über Funkanlagen und Telekommunikationsendeinrichtungen (FTEG)
D) Binnenschifffahrtsstraßen-Ordnung

58. Die Verkehrskreise „Nautische Information" und „Schiff-Hafenbehörde" werden ...

A) nicht auf allen Bundeswasserstraßen angeboten
B) auf allen Bundeswasserstraßen angeboten
C) in Häfen und ausgewiesenen Liegestellen angeboten
D) auf dem Rhein, auf der Donau und auf der Mosel angeboten

59. Wozu dient der Verkehrskreis „Schiff-Schiff"?

A) Funkverkehr zwischen Schiffsfunkstellen
B) Funkverkehr zwischen Schiffsfunkstellen und Funkstellen der Behörden, die für die Betriebsdienste auf Binnenwasserstraßen zuständig sind
C) Funkverkehr von Schiffsfunkstellen über Landfunkstellen mit dem öffentlichen Telekommunikationsnetz
D) Funkverkehr zwischen Handfunkgeräten auf einem Schiff

60. Welche Nachrichten werden im Verkehrskreis „Schiff-Schiff" übermittelt?

A) Nachrichten, die sich auf den Schutz von Personen oder auf die Fahrt oder auf die Sicherheit von Schiffen beziehen
B) Nachrichten über den Zustand der Wasserstraßen, über Verkehrsberatung und zur Verkehrslenkung zwischen Schiffsfunkstellen und Landfunkstellen
C) Nachrichten über die Zuweisung von Liegeplätzen oder über die Fahrt in den Häfen
D) Nachrichten über schiffsbetriebliche Angelegenheiten, die sich auf die Sicherheit von Schiffen beziehen

61. Welche Funkstelle ist nicht dem Verkehrskreis „Schiff-Schiff" zugeordnet?

A) Duisburg Hafen
B) Segelyacht Robbe DA 5005
C) Spey Fähre
D) MS Mainz

62. Welche Funkstelle kann am Verkehrskreis „Schiff-Schiff" teilnehmen?

A) Segelyacht Robbe DA 5005
B) Lauenburg Schleuse
C) Duisburg Hafen
D) Minden Revierzentrale

63. Wozu dient der Verkehrskreis „Nautische Information"?

A) Funkverkehr zwischen Schiffsfunkstellen und Funkstellen der Behörden, denen der Betrieb der Bundeswasserstraßen obliegt
B) Funkverkehr von Schiffsfunkstellen über Landfunkstellen mit dem öffentlichen Telekommunikationsnetz
C) Funkverkehr zwischen Schiffsfunkstellen
D) Funkverkehr zwischen Schiffsfunkstellen und Landfunkstellen von Hafenbehörden.

64. Welche Nachrichten werden im Verkehrskreis „Nautische Information" übermittelt?

A) Nachrichten über den Zustand der Wasserstraßen, über Verkehrsberatung und zur Verkehrslenkung
B) Nachrichten über die Zuweisung von Liegeplätzen oder über die Fahrt in den Häfen
C) Nachrichten, die sich auf Funkverkehr zwischen Schiffsfunkstellen beziehen
D) Nachrichten über schiffsbetriebliche Angelegenheiten

65. Wodurch kann bei einem nicht funkausrüstungspflichtigen Fahrzeug die ununterbrochene Teilnahme am Verkehrskreis „Nautische Information" sichergestellt werden?

A) Zusätzliche UKW-Funkanlage für den Binnenschifffahrtsfunk
B) Zweikanalüberwachung (Dual Watch)
C) Ununterbrochene Empfangsbereitschaft auf Kanal 10
D) Einschalten des Kanals der Funkstelle der zuständigen Hafenbehörde

66. Welche Funkstelle ist nicht dem Verkehrskreis „Nautische Information" zugeordnet?

A) Neuss Hafen
B) Iffezheim Schleuse
C) Gerstheim Ecluse
D) Oberwesel Revierzentrale

67. Welche Funkstelle ist dem Verkehrskreis „Nautische Information" zugeordnet?

A) Iffezheim Schleuse
B) Neuss Hafen
C) Diffenébrücke Mannheim
D) Mannheim Hafenschleuse

68. Wozu dient der Verkehrskreis „Schiff-Hafenbehörde"?

A) Funkverkehr zwischen Schiffsfunkstellen und Landfunkstellen von Hafenbehörden
B) Funkverkehr von Schiffsfunkstellen über Landfunkstellen mit dem öffentlichen Telekommunikationsnetz
C) Funkverkehr zwischen Schiffsfunkstellen in Häfen
D) Funkverkehr an Bord eines Schiffes oder innerhalb einer Gruppe von Fahrzeugen, die geschleppt oder geschoben werden

69. Welche Nachrichten werden im Verkehrskreis „Schiff-Hafenbehörde" übermittelt?

A) Nachrichten über die Zuweisung von Liegeplätzen oder über die Fahrt in den Häfen
B) Nachrichten über den Zustand der Wasserstraßen, über Verkehrsberatung und zur Verkehrslenkung
C) Nachrichten, die sich auf Funkverkehr zwischen Schiffsfunkstellen beziehen
D) Nachrichten über schiffsbetriebliche Angelegenheiten

70. Welchem Verkehrskreis ist die Landfunkstelle Diffenébrücke Mannheim zugeordnet?

A) Schiff-Hafenbehörde
B) Schiff-Schiff
C) Nautische Information
D) Funkverkehr an Bord

71. Welche Funkstelle ist nicht dem Verkehrskreis „Schiff-Hafenbehörde" zugeordnet?

A) Gerstheim Ecluse
B) Mannheim Hafenschleuse
C) Segelyacht Robbe DA 5005
D) Duisburg Hafen

72. Welche Funkstelle ist dem Verkehrskreis „Schiff-Hafenbehörde" zugeordnet?

A) Duisburg Hafen
B) Gerstheim Ecluse
C) Rothensee Hebewerk
D) Lauenburg Schleuse

73. Wozu dient der Verkehrskreis „Funkverkehr an Bord"?

A) Funkverkehr an Bord eines Schiffes oder innerhalb einer Gruppe von Fahrzeugen, die geschleppt oder geschoben werden
B) Funkverkehr zwischen Schiffsfunkstellen und Landfunkstellen von Hafenbehörden
C) Funkverkehr von Schiffsfunkstellen über Landfunkstellen mit dem öffentlichen Telekommunikationsnetz
D) Funkverkehr zwischen Schiffsfunkstellen in Häfen

74. Welche Nachrichten werden im Verkehrskreis „Funkverkehr an Bord" übermittelt?

A) Nachrichten über schiffsbetriebliche Angelegenheiten sowie bei Anweisungen für das Arbeiten mit Leinen und für das Ankern
B) Nachrichten über die Zuweisung von Liegeplätzen oder über die Fahrt in den Häfen
C) Nachrichten über den Zustand der Wasserstraßen, über Verkehrsberatung und zur Verkehrslenkung zwischen Schiffsfunkstellen und Landfunkstellen
D) Nachrichten, die sich auf den Schutz von Personen und auf die Fahrt oder auf die Sicherheit von Schiffen beziehen

75. Welche UKW-Kanäle dürfen im Verkehrskreis „Funkverkehr an Bord" benutzt werden?

A) 15 und 17
B) 72 und 77
C) 06 und 16
D) 18 und 22

76. In welchem Verkehrskreis dürfen tragbare Funkanlagen in Deutschland benutzt werden?

A) Funkverkehr an Bord
B) Schiff-Hafenbehörde
C) Nautische Informationen
D) Schiff-Schiff

77. Welche Fahrzeuge/Schiffe mit Schiffsfunkstellen dürfen nicht am Verkehrskreis „Funkverkehr an Bord" teilnehmen?

A) Kleinfahrzeuge
B) Schlepp- und Schubschiffe
C) Behördenfahrzeuge
D) Fahrgastschiffe

78. Welche Kennung müssen Schiffsfunkstellen in den Verkehrskreisen „Schiff-Schiff", „Nautische Information" und „Schiff-Hafenbehörde" im Sprechfunkverkehr verwenden?

A) Schiffsname
B) ATIS-Kennung
C) Rufnummer im Seefunkdienst (MMSI)
D) Heimathafen

79. In welchen Verkehrskreisen müssen Schiffsfunkstellen, außer auf Kleinfahrzeugen, während der Fahrt empfangsbereit sein?

A) Mindestens in zwei der Verkehrskreise Schiff-Schiff, Nautische Information oder Schiff-Hafenbehörde
B) Mindestens in drei der Verkehrskreise Schiff-Schiff, Nautische Information, Funkverkehr an Bord oder Schiff-Hafenbehörde
C) Mindestens in einem der Verkehrskreise Schiff-Schiff, Nautische Information oder Schiff-Hafenbehörde
D) Mindestens abwechselnd in einem der Verkehrskreise Schiff-Schiff, Nautische Information, Funkverkehr an Bord oder Schiff-Hafenbehörde

IV. Sprechfunk

80. Wo findet man Regelungen über die Abwicklung des Binnenschifffahrtsfunks?

A) Allgemeiner Teil des Handbuchs Binnenschifffahrtsfunk
B) Regionaler Teil Deutschland des Handbuchs Binnenschifffahrtsfunk
C) Binnenschifffahrt-Sprechfunkverordnung
D) Binnenschifffahrtsstraßen-Ordnung

81. Wo findet man die empfohlenen fremdsprachlichen Redewendungen für die Abwicklung des Binnenschifffahrtsfunks?

A) Regionale Teile des Handbuchs Binnenschifffahrtsfunk
B) Allgemeiner Teil des Handbuchs Binnenschifffahrtsfunk
C) Binnenschifffahrt-Sprechfunkverordnung
D) Binnenschifffahrtsstraßen-Ordnung

82. Wozu dient die Internationale Buchstabiertafel im Binnenschifffahrtsfunk?

A) Zum Buchstabieren schwieriger Wörter, Namen und Bezeichnungen, um Übermittlungsfehler zu vermeiden
B) Zum Buchstabieren schwieriger Wörter, Namen und Bezeichnungen, um die Vorschriften der Binnenschifffahrt-Sprechfunkverordnung zu erfüllen
C) Zum Buchstabieren schwieriger Wörter, Namen und Bezeichnungen, um die Wichtigkeit der buchstabierten Begriffe zu betonen
D) Zum Buchstabieren schwieriger Wörter, Namen und Bezeichnungen, um Informationen zu verschlüsseln

83. Wo findet man Angaben über die UKW-Kanäle, die im Binnenschifffahrtsfunk in bestimmten Regionen benutzt werden sollen?

A) Regionale Teile des Handbuchs Binnenschifffahrtsfunk
B) Schifffahrtspolizeiverordnungen, z. B. Rheinschifffahrtspolizeiverordnung
C) Binnenschifffahrtsstraßen-Ordnung
D) Binnenschifffahrt-Sprechfunkverordnung

84. Was bedeutet die Betriebsart „Simplex"?

A) Wechselsprechen
B) Gegensprechen
C) Sprechen über Ober- und Unterband
D) Sprechen mit einem Funkgerät

85. Wie erfolgt die Verkehrsabwicklung in der Betriebsart „Simplex"?

A) Jeder Gesprächspartner kann entweder senden oder empfangen
B) Beide Gesprächspartner können gleichzeitig senden und empfangen
C) Nach den Vorgaben der Revierzentrale
D) Der Funkverkehr kann nur in Richtung Landfunkstelle-Schiffsfunkstelle betrieben werden

86. Was bedeutet die Betriebsart „Duplex"?

A) Gegensprechen
B) Wechselsprechen
C) Sprechen mit zwei Funkgeräten
D) Sprechen auf einer Frequenz

87. Was bedeutet Semi-Duplex?

A) Wechselsprechen auf einem Duplex-Kanal
B) Wechselsprechen auf einem Simplex-Kanal
C) Gegensprechen auf einem Duplex-Kanal
D) Gegensprechen auf einem Simplex-Kanal

88. Warum kann die Hörbereitschaft auf zwei Kanälen im Binnenschifffahrtsfunk nicht durch die Zweikanalüberwachung (Dual-Watch) wahrgenommen werden?

A) Die Zweikanalüberwachung ermöglicht nicht den gleichzeitigen Empfang auf zwei Funkkanälen
B) Die Zweikanalüberwachung vermindert die Empfangsreichweite der Funkanlage
C) Die Zweikanalüberwachung wertet die ATIS-Kennungen anderer Funkstellen nicht aus
D) Die Zweikanalüberwachung funktioniert nur in bestimmten Verkehrskreisen

89. Wie erfolgt die Leistungsreduzierung beim Sendebetrieb einer Schiffsfunkstelle auf dem UKW-Kanal 10?

A) Automatisch
B) Manuell
C) Durch die Revierzentrale
D) Durch längeres Drücken der Sendetaste

90. Mit welcher Leistung sendet eine Schiffsfunkstelle auf UKW-Kanal 10?

A) 0,5 bis 1 Watt
B) 2 bis 5 Watt
C) 0,5 bis 25 Watt
D) 10 bis 25 Watt

91. Auf welchem UKW-Kanal müssen Schiffsfunkstellen – unabhängig von dem befahrenen Streckenabschnitt – während der Fahrt ständig empfangsbereit sein?

A) 10
B) 72
C) 20
D) 13

92. Welcher UKW-Kanal darf im Binnenschifffahrtsfunk nicht benutzt werden?

A) 16
B) 72
C) 10
D) 77

93. Wozu dienen im Binnenschifffahrtsfunk die UKW-Kanäle 72 und 77?

A) Funkverkehr sozialer Art
B) Nautische Absprachen
C) Funkverkehr mit einer Revierzentrale
D) Anrufe an eine Schleuse

94. Welche UKW-Kanäle dürfen für „Nachrichten sozialer Art" benutzt werden?

A) 72 und 77
B) 15 und 17
C) 06 und 16
D) 20 und 22

95. Welche Fahrzeuge unterliegen auf bestimmten Wasserstraßen und an bestimmten Stellen einer Meldepflicht?

A) Gefahrgutschiffe und Sondertransporte
B) Motorfahrzeuge mit einer Gesamtlänge von mehr als 20 Metern
C) Fahrgastschiffe mit mehr als 20 Passagieren
D) Sportboote unter Segel

96. Vor jeder Aussendung ist sicherzustellen, dass …

A) kein anderer Funkverkehr gestört wird
B) die Sendeleistung auf 25 Watt eingestellt ist
C) die ATIS-Kennung zuvor ausgesendet wird
D) die Rauschsperre geöffnet ist

97. Die längere Aussendung einer anderen Schiffsfunkstelle auf Kanal 10 kann …

A) nicht unterbrochen werden
B) jederzeit unterbrochen werden
C) durch Schiffsfunkstellen desselben Verkehrskreises unterbrochen werden
D) jederzeit durch Landfunkstellen unterbrochen werden

98. Längere Aussendungen auf Kanal 10 sollen vermieden werden, weil sie …

A) nicht durch andere Schiffsfunkstellen unterbrochen werden können
B) durch Landfunkstellen nur im Notfall unterbrochen werden können
C) den Empfang des ebenfalls im UKW-Bereich arbeitenden AIS stören können
D) in der Nähe von Landesgrenzen andere Funkdienste im Ausland stören können

99. Was hat eine Schiffsfunkstelle im Verkehr mit einer Landfunkstelle zu beachten?

A) Anweisungen der Landfunkstelle sind zu befolgen
B) Nachrichten mit der Landfunkstelle sind auf Kanal 16 auszutauschen
C) Sendeleistung ist zu reduzieren
D) Hörbereitschaft auf Kanal 13 ist sicherzustellen

100. Was kann die Funkverbindung zwischen einer Schiffsfunkstelle und einer Seefunkstelle beeinträchtigen?

A) Die Schiffsfunkstelle sendet auf bestimmten UKW-Kanälen nur mit automatisch reduzierter Leistung
B) Die Seefunkstelle sendet auf bestimmten UKW-Kanälen nur mit automatisch reduzierter Leistung
C) Die Schiffsfunkstelle kann die AIS-Aussendung der Seefunkstelle auf bestimmten UKW-Kanälen nicht auswerten
D) Die Seefunkstelle kann die ATIS-Aussendung der Schiffsfunkstelle auf bestimmten UKW-Kanälen nicht auswerten

101. Warum dürfen Seefunkstellen mit ihrer Seefunkanlage nicht am Binnenschifffahrtsfunk teilnehmen?

A) Seefunkanlagen verfügen weder über eine automatische Sendeleistungsreduzierung auf bestimmten UKW-Kanälen noch können sie einen ATIS-Code aussenden
B) Seefunkanlagen nutzen ein anderes Frequenzband als Binnenschifffahrtsfunkanlagen
C) Seefunkanlagen verfügen über einen DSC-Controller, der mit dem ATIS-System nicht kompatibel ist
D) Seefunkanlagen ermöglichen die Hörbereitschaft auf den UKW-Kanälen 16 und 70

102. Die Verwendung des Digitalen Selektivrufs (DSC) ist …

A) im Binnenschifffahrtsfunk nicht zulässig
B) eingeführt zur Verbindungsaufnahme mit anderen Schiffsfunkstellen
C) eingeführt zur Identifizierung von Schiffsfunkstellen
D) im Binnenschifffahrtsfunk zulässig für Notalarme

103. Welche Sprache muss bei Verbindungen zwischen deutschen Schiffsfunkstellen und ausländischen Landfunkstellen benutzt werden?

A) Sprache des Landes, in dem sich die Landfunkstelle befindet
B) Heimatsprache des Funkers
C) Vorrangig Englisch
D) Vorrangig Deutsch

104. Was ist bei Testsendungen im Binnenschifffahrtsfunk zu beachten?

A) Die Aussendungen dürfen 10 Sekunden nicht überschreiten; sie müssen den Rufnamen der aussendenden Funkstelle enthalten, gefolgt von dem Wort „Test"
B) Die Aussendungen dürfen 20 Sekunden nicht überschreiten und müssen mit einer Kennung des Schiffes ausgestrahlt werden
C) Die Aussendungen dürfen nur einmal nach Einbau des Gerätes ohne Antenne erfolgen und müssen mit dem Wort „Test" gekennzeichnet werden
D) Die Aussendungen dürfen nur außerhalb der Hoheitsgewässer erfolgen

105. Wann müssen Meldungen grundsätzlich bestätigt werden?

A) Auf Verlangen
B) Immer
C) Nie
D) Bei Verständigungsschwierigkeiten

106. Woran erkennt man beim Befahren von Binnenwasserstraßen, welcher UKW-Kanal im Schleusenbereich zu benutzen ist?

A) Tafelzeichen
B) Schwimmende Schifffahrtszeichen
C) Durchsage der Revierzentrale
D) Lichtzeichen der Schleuse

107. Welche Bedeutung hat ein weißes Tafelzeichen mit rotem Rand und der schwarzen Aufschrift „UKW 20" oder „VHF 20"?

A) Gebot, UKW-Kanal 20 zu benutzen
B) Gebot, eine Sendeleistung von 20 Watt zu gewährleisten
C) Hinweis, dass der Verkehrskreis Schiff-Schiff auf UKW-Kanal 20 abzuwickeln ist
D) Hinweis, dass der UKW-Kanal 20 für die Nutzung durch die Berufsschifffahrt vorgesehen ist

108. Welche Bedeutung hat ein blaues Tafelzeichen mit der weißen Aufschrift „UKW 18" oder „VHF 18"?

A) Hinweis auf den Nautischen Informationsfunk (NIF) auf UKW-Kanal 18
B) Gebot, UKW-Kanal 18 statt 10 für die Verkehrsabwicklung zu benutzen
C) Hinweis, dass der Verkehrskreis Schiff-Schiff auf UKW-Kanal 18 abzuwickeln ist
D) Hinweis, dass der UKW-Kanal 18 für die Nutzung durch die Sportschifffahrt vorgesehen ist

V. Betriebsverfahren und Rangfolgen

109. Welche Funkstellen sind zur Einleitung von Rettungsmaßnahmen vorzugsweise anzurufen?

A) Revierzentralen
B) Rettungsleitstellen
C) Schiffsfunkstellen
D) Polizeifunkstellen

110. Wie ist die Rangfolge des Funkverkehrs im Binnenschifffahrtsfunk?

A) Notverkehr, Dringlichkeitsverkehr, Sicherheitsverkehr, Routineverkehr
B) Dringlichkeitsverkehr, Notverkehr, Sicherheitsverkehr, Routineverkehr
C) Sicherheitsverkehr, Dringlichkeitsverkehr, Notverkehr, Routineverkehr
D) Notverkehr, Dringlichkeitsverkehr, Routineverkehr, Sicherheitsverkehr

111. Wie heißt das Notzeichen im Sprechfunk?

A) MAYDAY
B) PAN PAN
C) SOS
D) SECURITE

112. Ein Notverkehr im Binnenschifffahrtsfunk muss eingeleitet werden, wenn eine unmittelbare Gefährdung von Mensch oder Schiff gegeben ist oder …

A) eine Gefahrenabwehr an Land notwendig ist
B) das Schiff manövrierunfähig ist
C) gefährliche Wetterlagen auftreten
D) eine Behinderung der Schifffahrt droht

113. Welcher Funkverkehr ist einzuleiten, wenn sich an Bord eine lebensgefährlich verletzte Person befindet?

A) Notverkehr
B) Dringlichkeitsverkehr
C) Sicherheitsverkehr
D) Routineverkehr

114. Welcher Funkverkehr ist einzuleiten, wenn eine Person über Bord gefallen ist?

A) Notverkehr
B) Dringlichkeitsverkehr
C) Sicherheitsverkehr
D) Routineverkehr

115. Welcher Funkverkehr ist einzuleiten, wenn das Fahrzeug in gefährlicher Weise zu kentern droht?

A) Notverkehr
B) Dringlichkeitsverkehr
C) Sicherheitsverkehr
D) Routineverkehr

116. Wer bestätigt eine Notmeldung im Verkehrskreis „Nautische Information"?

A) Ortsfeste Funkstelle
B) Behördenfahrzeug
C) In der Nähe befindliche Schiffsfunkstelle
D) Der Schiffsführer

117. Wer bestätigt eine Notmeldung im Verkehrskreis Schiff-Schiff"?

A) In der Nähe befindliche Schiffsfunkstelle
B) Ortsfeste Funkstelle
C) Verkehrsposten
D) Der Schiffsführer

118. Was bedeuten die Worte MAYDAY RELAY?

A) Aussendung einer Notmeldung durch eine Funkstelle, die sich selbst nicht in Not befindet
B) Beendigung einer Notmeldung durch die Funkstelle, die den Notverkehr leitet
C) Bestätigung des Empfangs einer Notmeldung
D) Notmeldung an eine Landstation mit der Bitte um Leitung des Notverkehrs

119. Was bedeuten die Worte SILENCE FINI?

A) Der Notverkehr ist beendet
B) Einer Funkstelle, die den Notverkehr stört, wird Funkstille geboten
C) Dringlichkeits- und Sicherheitsverkehr darf wieder aufgenommen werden
D) Alle Funkstellen müssen Funkstille einhalten

120. Was bedeuten die Worte SILENCE MAYDAY?

A) Die Funkstelle in Not gebietet den nicht am Notverkehr beteiligten Funkstellen Funkstille
B) Der Notverkehr ist beendet
C) Die am Notverkehr beteiligten Funkstellen genießen Vorrang
D) Eine Notmeldung folgt

121. Woraus besteht das Dringlichkeitszeichen im Sprechfunk?

A) PAN PAN
B) MAYDAY
C) SECURITE
D) URGENT

122. Wann liegt ein Dringlichkeitsfall vor?

A) Wenn dringende Nachrichten übermittelt werden, die Sicherheit von Personen oder des Schiffes betreffen
B) Wenn eine unmittelbare Gefährdung von Mensch oder Schiff gegeben ist oder eine Gefahrenabwehr an Land notwendig ist
C) Wenn dringende Nachrichten übermittelt werden sollen, welche den Empfang eines Notzeichens betreffen
D) Wenn dringende Nachrichten übermittelt werden sollen, welche die Unterstützung durch die Wasserschutzpolizei betreffen

123. Welche Meldungen können beispielsweise mit dem Dringlichkeitszeichen angekündigt werden?

A) Meldungen, die sich auf Krankheiten beziehen, die keine Lebensgefahr bedeuten, oder auf Schäden an Fahrzeugen, ohne dass davon eine unmittelbare Gefahr ausgeht
B) Meldungen, die sich auf eine unmittelbare Gefährdung von Mensch oder Schiff oder eine Gefahrenabwehr an Land beziehen
C) Meldungen, die sich auf Krankheiten beziehen, die keine Lebensgefahr bedeuten, oder auf Schäden an Fahrzeugen, von denen eine unmittelbare Gefahr ausgeht
D) Meldungen, die sich auf lebensgefährliche Krankheiten oder auf Schäden an Fahrzeugen oder Anlagen beziehen

124. Welcher Funkverkehr ist einzuleiten, wenn an Bord eine Person einen Knochenbruch am Unterarm erlitten hat und ärztlicher Versorgungbedarf?

A) Dringlichkeitsverkehr
B) Notverkehr
C) Sicherheitsverkehr
D) Routineverkehr

125. Welcher Funkverkehr ist grundsätzlich einzuleiten, wenn das Fahrzeug einen Maschinenschaden hat, der die Sicherheit des Schiffsverkehrs gefährden könnte?

A) Dringlichkeitsverkehr
B) Notverkehr
C) Sicherheitsverkehr
D) Routineverkehr

126. Wie lautet das Sicherheitszeichen im Sprechfunk?

A) SECURITE
B) MAYDAY
C) PAN PAN
D) SOS

127. Welche Meldungen werden mit dem Sicherheitszeichen SECURITE angekündigt?

A) Nachrichten, die eine wichtige nautische Warnnachricht oder eine wichtige Wetterwarnung beinhalten
B) Nachrichten, die eine wichtige nautische Warnnachricht oder den Radareinsatz bei unsichtigem Wetter beinhalten
C) Nachrichten, die eine wichtige Wetterwarnung oder eine Warnung zur Vermeidung von Umweltschäden beinhalten
D) Nachrichten, die eine wichtige nautische Warnnachricht oder eine dringende medizinische Meldung beinhalten

128. Welche Meldung ist zu verbreiten, wenn ein treibender Baumstamm beobachtet wird, der eine Gefahr für den Verkehr darstellt?

A) Sicherheitsmeldung
B) Notmeldung
C) Dringlichkeitsmeldung
D) keine Meldung

129. Welche Meldung ist zu verbreiten, wenn eine vertriebene Tonne beobachtet wird?

A) Sicherheitsmeldung
B) Notmeldung
C) Dringlichkeitsmeldung
D) keine Meldung

130. Wer entscheidet über die Art der auszusendenden Sprechfunkmeldung?

A) Schiffsführer
B) Bediener der Funkanlage
C) Wasserschutzpolizei
D) Revierzentrale

UBI Ergänzung 01 ERG

Fragebogen

Schriftliche Ergänzungsprüfung für das UKW-Sprechfunkzeugnis für den Binnenschifffahrtsfunk

Bearbeitungszeit: 30 Minuten
Je Frage ist eine Antwort richtig

Von dem/der Bewerber/in auszufüllen

Name | Vorname | Geburtsdatum

Prüfungsort | Datum

Bewertung (von dem/der **Prüfer/in** auszufüllen)

Erreichte Punkte — 10

Die schriftliche Prüfung zur UBI Ergänzung ist:

- bestanden (8 bis 10 Punkte) ☐
- nicht bestanden (0 bis 7 Punkte) ☐

Stempel Prüfungsausschuss

Der/Die Vorsitzende der Prüfungskommission, Stempel

Prüfer/in, Stempel

Anhang 13: Fragenkatalog

für das UKW-Sprechfunkzeugnis für den Binnenschifffahrtsfunk (UBI Ergänzung)

I.	Binnenschifffahrtsfunk	Seite	171
II.	Funkeinrichtungen und Schiffsfunkstellen	Seite	174
III.	Verkehrskreise	Seite	178
IV.	Sprechfunk	Seite	181
V.	Betriebsverfahren und Rangfolgen	Seite	185

Die jeweils erste Antwort (A) ist immer die richtige.

I. Binnenschifffahrtsfunk

1. Was ist Binnenschifffahrtsfunk?

A) Internationaler mobiler UKW/VHF-Sprechfunkdienst auf Binnenschifffahrtsstraßen
B) Nationaler mobiler UKW/VHF-Sprechfunkdienst auf Binnenschifffahrtsstraßen
C) Internationales UKW/VHF-Sprechfunkverfahren im Binnenbereich
D) Nationales UKW/VHF-Sprechfunkverfahren im Binnenbereich

2. Wozu dient der Binnenschifffahrtsfunk?

A) Funkverkehr für bestimmte Zwecke auf vereinbarten Kanälen (Verkehrskreise) und nach einem festgelegten Betriebsverfahren
B) Funkverkehr für Schiffsfunkstellen zu bestimmten Zwecken auf vereinbarten Kanälen (Verkehrskreise) und nach einem festgelegten Betriebsverfahren
C) Funkverkehr zu Landfunkstellen für bestimmte Zwecke auf vereinbarten Kanälen (Verkehrskreise) und nach einem festgelegten Betriebsverfahren
D) Funkverkehr für Schiffsfunkstellen über Landfunkstellen auf vereinbarten Kanälen (Verkehrskreise) und nach einem festgelegten Betriebsverfahren

3. Wo findet man Angaben über die grundsätzlichen Regelungen für den Binnenschifffahrtsfunk in Europa?

A) Regionale Vereinbarung über den Binnenschifffahrtsfunk (RAINWAT)
B) International Convention for the Safety of Life at Sea (SOLAS)
C) Verwaltungsvereinbarung über die Koordinierung von Frequenzen (HCM)
D) Binnenschifffahrt-Sprechfunkverordnung (BinSchSprFunkV)

4. Was ist eine „Revierzentrale"?

A) Zentrale Landfunkstelle
B) Zentrale Schiffsfunkstelle
C) Zentrale Telematikdienste
D) Zentrale Seefunkstelle

5. Was ist ein „Verkehrsposten"?

A) Zentrale ortsfeste Funkstelle in den Niederlanden
B) Zentrale mobile Funkstelle in den Niederlanden
C) Zentrale ortsfeste Funkstelle in den Niederlanden und in Frankreich
D) Zentrale mobile Funkstelle in den Niederlanden und in Frankreich

6. Was ist ein „Blockkanal"?

A) Funkkanal für sicherheitsrelevante Meldungen der Verkehrsposten und Schiffsfunkstellen in den Niederlanden
B) Funkkanal für Routinegespräche der Verkehrsposten und Schiffsfunkstellen in den Niederlanden
C) Gesperrter Funkkanal der Verkehrsposten und Verkehrszentralen in den Niederlanden
D) Funkkanal für öffentlichen Nachrichtenaustausch zwischen den Verkehrsposten in den Niederlanden

7. Was bedeutet „MIB"?

A) Melde- und Informationssystem in der Binnenschifffahrt
B) Maritimes Identifikationssystem in der Binnenschifffahrt
C) Mobiles Informationssystem in der Binnenschifffahrt
D) Melde- und Identifikationssystem in der Binnenschifffahrt

8. Wo darf der Inhaber eines in Deutschland erworbenen UKW-Sprechfunkzeugnisses für den Binnenschifffahrtsfunk am Funkverkehr teilnehmen?

A) In allen Ländern, die der Regionalen Vereinbarung über den Binnenschifffahrtsfunk beigetreten sind
B) In allen Mitgliedstaaten der EU
C) In allen Staaten, die die Vollzugsordnung für den Funkdienst ratifiziert haben
D) In allen deutschsprachigen Ländern

9. Wo berechtigt das UKW-Sprechfunkzeugnis für den Binnenschifffahrtsfunk (UBI) auch zur Teilnahme am mobilen Seefunkdienst?

A) Wasserstraßen der Zonen 1 bis 2
B) Wasserstraßen der Zonen 2 bis 4
C) Wasserstraßen der Zonen 1 bis 4
D) Wasserstraßen der Zonen 2 bis 3

10. Wer erteilt das UKW-Sprechfunkzeugnis für den Binnenschifffahrtsfunk (UBI)?

A) Fachstelle der WSV für Verkehrstechniken und die Prüfungsausschüsse des Deutschen Motoryachtverbandes e. V. und des Deutschen Segler-Verbandes e. V.
B) Bundesnetzagentur (BNetzA) und Fachstelle der WSV für Verkehrstechniken (FVT)
C) Zentrale Verwaltungsstelle (ZVST) und Wasser- und Schifffahrtsdirektionen (WSD)
D) Wasser- und Schifffahrtsämter (WSA) und Bundesnetzagentur (BNetzA)

11. Welches Funkzeugnis berechtigt nicht zur Teilnahme am Weltweiten Seenot- und Sicherheitsfunksystem (GMDSS)?

A) UKW-Sprechfunkzeugnis für den Binnenschifffahrtsfunk (UBI)
B) Beschränkt Gültiges Funkbetriebszeugnis (SRC)
C) Allgemeines Funkbetriebszeugnis (LRC)
D) Allgemeines Betriebszeugnis für Funker (GOC)

12. Welches Funkzeugnis berechtigt nicht zur Teilnahme am Binnenschifffahrtsfunk?

A) Amateurfunkzeugnis
B) UKW-Sprechfunkzeugnis für den Binnenschifffahrtsfunk (UBI)
C) Allgemeines Sprechfunkzeugnis für den Seefunkdienst
D) Beschränkt gültiges Betriebszeugnis für Funker I (BZ I)

13. Worauf ist bei der Teilnahme am Binnenschifffahrtsfunk in anderen Ländern zu achten?

A) Die Bestimmungen im Regionalen Teil des Handbuchs Binnenschifffahrtsfunk sind zu beachten
B) Die Bestimmungen der Binnenschifffahrt-Sprechfunkverordnung sind zu beachten
C) Die Bestimmungen der EU-Kommission sind zu beachten
D) Die Bestimmungen der Binnenschifffahrtsstraßen-Ordnung sind zu beachten

14. Wo findet man z. B. Angaben über die Ausrüstungspflicht mit Funkanlagen auf Binnenschiffen?

A) Binnenschifffahrtstraßenordnung
B) Binnenschifffahrt-Sprechfunkverordnung
C) Binnenschifferpatentverordnung
D) Schiffssicherheitsverordnung

15. Wo findet man Angaben über die Funkbenutzungspflicht für Fahrzeuge auf bestimmten Binnenschifffahrtsstraßen?

A) Regionale Teile des Handbuchs Binnenschifffahrtsfunk
B) Allgemeiner Teil des Handbuchs Binnenschifffahrtsfunk
C) Binnenschifffahrt-Sprechfunkverordnung
D) Binnenschifferpatentverordnung

16. Das Abhörverbot und das Fernmeldegeheimnis sind geregelt…

A) im Telekommunikationsgesetz (TKG)
B) in der Binnenschifffahrt-Sprechfunkverordnung (BinSchSprFunkV)
C) in der Schiffssicherheitsverordnung (SchSV)
D) im Gesetz über Funkanlagen und Telekommunikationsendeinrichtungen (FTEG)

17. Welche Folgen kann die Verletzung des Fernmeldegeheimnisses haben?

A) Strafrechtliche Verfolgung
B) Ordnungswidrigkeitsverfahren
C) Schriftliche Verwarnung
D) Einzug der Funkanlage

II. Funkeinrichtungen und Schiffsfunkstellen

18. Was ist eine „Schiffsfunkstelle"?

A) Mobile Funkstelle des Binnenschifffahrtsfunks
B) Mobile Funkstelle des mobilen Seefunkdienstes
C) Ortsfeste Funkstelle des Binnenschifffahrtsfunks
D) Ortsfeste Funkstelle des mobilen Seefunkdienstes

19. Wer darf eine Schiffsfunkstelle bedienen?

A) Inhaber eines gültigen Sprechfunkzeugnisses für den Binnenschifffahrtsfunk (UBI) oder eines gleichwertigen Zeugnisses
B) Personen, die ohne Aufsicht eines Funkzeugnisinhabers am Funkverkehr teilnehmen, sofern sie älter als 16 Jahre sind
C) Nur der Schiffsführer, sofern er über ein gültiges Sprechfunkzeugnis für den Binnenschifffahrtsfunk (UBI) verfügt
D) Personen, die über einen gültigen Sportbootführerschein-Binnen und über die Erlaubnis des Schiffsführers verfügen

20. Der Betrieb einer Schiffsfunkstelle ohne Frequenzzuteilung verstößt gegen Vorschriften ...

A) des Telekommunikationsgesetzes (TKG)
B) der Binnenschifffahrtstraßenordnung (BinSchStrO)
C) des Gesetzes über Funkanlagen und Telekommunikationsendeinrichtungen(FTEG)
D) der Binnenschifffahrt-Sprechfunkverordnung(BinSchSprFunkV)

21. Die Bedienung einer Schiffsfunkstelle ohne Erlaubnis (UKW-Sprechfunkzeugnis) verstößt gegen Vorschriften...

A) der Binnenschifffahrt-Sprechfunkverordnung (BinSchSprFunkV)
B) der Binnenschifffahrtstraßenordnung (BinSchStrO)
C) des Gesetzes über Funkanlagen und Telekommunikationsendeinrichtungen (FTEG)
D) des Telekommunikationsgesetzes (TKG)

22. Welches amtliche Dokument für eine Schiffsfunkstelle muss sich an Bord befinden?

A) Frequenzzuteilungsurkunde
B) UKW-Sprechfunkzeugnis
C) UKW-Betriebszeugnis
D) Zulassungsurkunde

23. Welche Teile des Handbuchs Binnenschifffahrtsfunk müssen bei einer Schiffsfunkstelle mitgeführt werden?

A) Allgemeiner Teil sowie Regionale Teile für die Strecken, in denen die Schiffsfunkstelle am Binnenschifffahrtsfunk teilnimmt
B) Regionale Teile für die Strecke, in der sich die Schiffsfunkstelle gerade befindet
C) Regionale Teile für alle europäischen Wasserstraßen
D) Allgemeiner Teil sowie Regionale Teile des Landes, in dem die Schiffsfunkstelle angemeldet wurde

24. Woraus besteht das Rufzeichen für eine deutsche Schiffsfunkstelle?

A) Zwei Buchstaben der Rufzeichenreihe für Deutschland, gefolgt von vier Ziffern
B) Vier Buchstaben der Rufzeichenreihe für Deutschland, gefolgt von vier Ziffern
C) Zwei Buchstaben der Rufzeichenreihe für Deutschland, gefolgt von zwei Ziffern
D) Vier Buchstaben der Rufzeichenreihe für Deutschland, gefolgt von zwei Ziffern

25. Was bedeutet „ATIS"?

A) Automatisches Senderidentifizierungssystem
B) Automatisches Schiffsidentifizierungssystem
C) Automatisches Verkehrsinformationssystem
D) Automatisches Transponderabfragesystem

26. Welchem Zweck dient die Aussendung eines ATIS-Codes?

A) Identifizierung einer Schiffsfunkstelle
B) Identifizierung einer Seefunkstelle
C) Identifizierung des Bedieners der Schiffsfunkstelle
D) Identifizierung des Verkehrskreises

27. Wann wird das ATIS-Signal ausgesendet?

A) Nach dem Loslassen der Sprechtaste
B) Beim Drücken der Sprechtaste
C) Alle 10 Minuten
D) Bei Kanalwechsel

28. Welchen ATIS-Code sendet eine tragbare Funkanlage aus?

A) ATIS-Code der Schiffsfunkstelle, zu der sie gehört
B) ATIS-Code, der ihr gesondert mit der Frequenzzuteilung zugewiesen wurde
C) ATIS-Code der ortsfesten Funkstelle
D) ATIS-Code der Schiffsfunkstelle und die Gerätenummer

29. Was ist ein „ATIS-Killer"?

A) Zusatzeinrichtung in der Funkanlage zur akustischen Unterdrückung des empfangenen ATIS-Signals
B) Zusatzeinrichtung in der Funkanlage zur optischen Unterdrückung des empfangenen ATIS-Signals
C) Zusatzeinrichtung in der Funkanlage zur Unterdrückung der versehentlichen Aussendung des ATIS-Signals
D) Zusatzeinrichtung in der Funkanlage zur Unterdrückung der Aussendung des ATIS-Signals

30. Was versteht man unter „AIS"?

A) Automatisches Schiffsidentifizierungs- und Überwachungssystem, das statische, dynamische und reisebezogene Informationen auf UKW überträgt
B) Allgemeines Informationssystem für die Binnenschifffahrt
C) Automatische Aussendung der Kennung eines Binnenschiffes beim Loslassen der Sprechtaste
D) Identifizierung eines Schiffes mit Hilfe von Radarpeilungen und deren Weitergabe an die Schifffahrt zur Kollisionsverhütung

31. Was ist beim Betrieb einer Amateurfunkstelle an Bord eines Binnenschiffes, das mit einer Schiffsfunkstelle ausgerüstet ist, zu beachten?

A) Die Amateurfunkstelle darf nur mit Zustimmung des Schiffsführers betrieben werden und keine schädlichen Störungen bei der Schiffsfunkstelle oder bei sonstigen nautischen und technischen Einrichtungen des Fahrzeugs verursachen
B) Die Amateurfunkstelle darf nur mit Zustimmung des Schiffsführers und zur Vermeidung von schädlichen Störungen nur mit einer Leistung von bis zu 5 Watt betrieben werden
C) Die Amateurfunkstelle darf nur mit Zustimmung der Revierzentrale betrieben werden und keine schädlichen Störungen bei der Schiffsfunkstelle oder bei sonstigen nautischen und technischen Einrichtungen des Fahrzeugs verursachen
D) Die Amateurfunkstelle darf nur nach Eintragung in die Frequenzzuteilungsurkunde der Schiffsfunkstelle betrieben werden und keine schädlichen Störungen bei der Schiffsfunkstelle oder bei sonstigen nautischen und technischen Einrichtungen des Fahrzeugs verursachen

III. Verkehrskreise

32. Wozu dient ein „Verkehrskreis" im Binnenschifffahrtsfunk?

A) Zuordnung von Sprechfunk-Kanälen für bestimmte Zwecke
B) Zuordnung von Sprechfunk-Kanälen für bestimmte Schiffsfunkstellen
C) Zuordnung der Rangfolge von bestimmten Arten von Funkgesprächen
D) Zuordnung von Sprechfunk-Rufzeichen für bestimmte Funkstellen

33. Welche Verkehrskreise werden im Binnenschifffahrtsfunk betrieben?

A) Schiff-Schiff, Nautische Information, Schiff-Hafenbehörde, Funkverkehr an Bord
B) Schiff-Schiff, Schiff-Verkehrszentrale, Schiff-Hafenbehörde, Funkverkehr an Bord
C) Schiff-Schiff, Nautische Information, Schiff-Hafenbehörde, Schiff-Verkehrsposten
D) Schiff-Schiff, Nautische Information, Schiff-Hafenbehörde, Schiff-Landfunkstelle

34. Wo findet man Angaben über die Verkehrskreise des Binnenschifffahrtsfunks?

A) Binnenschifffahrt-Sprechfunkverordnung
B) Regionaler Teil Deutschland des Handbuchs Binnenschifffahrtsfunk
C) Gesetz über Funkanlagen und Telekommunikationsendeinrichtungen (FTEG)
D) Binnenschifffahrtsstraßen-Ordnung

35. Die Verkehrskreise „Nautische Information" und „Schiff-Hafenbehörde" werden ...

A) nicht auf allen Bundeswasserstraßen angeboten
B) auf allen Bundeswasserstraßen angeboten
C) in Häfen und ausgewiesenen Liegestellen angeboten
D) auf dem Rhein, auf der Donau und auf der Mosel angeboten

36. Wozu dient der Verkehrskreis „Schiff-Schiff"?

A) Funkverkehr zwischen Schiffsfunkstellen
B) Funkverkehr zwischen Schiffsfunkstellen und Funkstellen der Behörden, die für die Betriebsdienste auf Binnenwasserstraßen zuständig sind
C) Funkverkehr von Schiffsfunkstellen über Landfunkstellen mit dem öffentlichen Telekommunikationsnetz
D) Funkverkehr zwischen Handfunkgeräten auf einem Schiff

37. Wozu dient der Verkehrskreis „Nautische Information"?

A) Funkverkehr zwischen Schiffsfunkstellen und Funkstellen der Behörden, denen der Betrieb der Bundeswasserstraßen obliegt
B) Funkverkehr von Schiffsfunkstellen über Landfunkstellen mit dem öffentlichen Telekommunikationsnetz
C) Funkverkehr zwischen Schiffsfunkstellen
D) Funkverkehr zwischen Schiffsfunkstellen und Landfunkstellen von Hafenbehörden.

38. Welche Nachrichten werden im Verkehrskreis „Nautische Information" übermittelt?

A) Nachrichten über den Zustand der Wasserstraßen, über Verkehrsberatung und zur Verkehrslenkung
B) Nachrichten über die Zuweisung von Liegeplätzen oder über die Fahrt in den Häfen
C) Nachrichten, die sich auf Funkverkehr zwischen Schiffsfunkstellen beziehen
D) Nachrichten über schiffsbetriebliche Angelegenheiten

39. Wodurch kann bei einem nicht funkausrüstungspflichtigen Fahrzeug die ununterbrochene Teilnahme am Verkehrskreis „Nautische Information" sichergestellt werden?

A) Zusätzliche UKW-Funkanlage für den Binnenschifffahrtsfunk
B) Zweikanalüberwachung (Dual Watch)
C) Ununterbrochene Empfangsbereitschaft auf Kanal 10
D) Einschalten des Kanals der Funkstelle der zuständigen Hafenbehörde

40. Welche Funkstelle ist nicht dem Verkehrskreis „Nautische Information" zugeordnet?

A) Neuss Hafen
B) Iffezheim Schleuse
C) Gerstheim Ecluse
D) Oberwesel Revierzentrale

41. Welche Funkstelle ist dem Verkehrskreis „Nautische Information" zugeordnet?

A) Iffezheim Schleuse
B) Neuss Hafen
C) Diffenébrücke Mannheim
D) Mannheim Hafenschleuse

42. Welche Nachrichten werden im Verkehrskreis „Schiff-Hafenbehörde" übermittelt?

A) Nachrichten über die Zuweisung von Liegeplätzen oder über die Fahrt in den Häfen
B) Nachrichten über den Zustand der Wasserstraßen, über Verkehrsberatung und zur Verkehrslenkung
C) Nachrichten, die sich auf Funkverkehr zwischen Schiffsfunkstellen beziehen
D) Nachrichten über schiffsbetriebliche Angelegenheiten

43. Welchem Verkehrskreis ist die Landfunkstelle Diffenébrücke Mannheim zugeordnet?

A) Schiff-Hafenbehörde
B) Schiff-Schiff
C) Nautische Information
D) Funkverkehr an Bord

44. Welche Nachrichten werden im Verkehrskreis „Funkverkehr an Bord" übermittelt?

A) Nachrichten über schiffsbetriebliche Angelegenheiten sowie bei Anweisungen für das Arbeiten mit Leinen und für das Ankern
B) Nachrichten über die Zuweisung von Liegeplätzen oder über die Fahrt in den Häfen
C) Nachrichten über den Zustand der Wasserstraßen, über Verkehrsberatung und zur Verkehrslenkung zwischen Schiffsfunkstellen und Landfunkstellen
D) Nachrichten, die sich auf den Schutz von Personen und auf die Fahrt oder auf die Sicherheit von Schiffen beziehen

45. Welche UKW-Kanäle dürfen im Verkehrskreis „Funkverkehr an Bord" benutzt werden?

A) 15 und 17
B) 72 und 77
C) 06 und 16
D) 18 und 22

46. Welche Kennung müssen Schiffsfunkstellen in den Verkehrskreisen „Schiff-Schiff", „Nautische Information" und „Schiff-Hafenbehörde" im Sprechfunkverkehr verwenden?

A) Schiffsname
B) ATIS-Kennung
C) Rufnummer im Seefunkdienst (MMSI)
D) Heimathafen

47. In welchen Verkehrskreisen müssen Schiffsfunkstellen, außer auf Kleinfahrzeugen, während der Fahrt empfangsbereit sein?

A) Mindestens in zwei der Verkehrskreise Schiff-Schiff, Nautische Information oder Schiff-Hafenbehörde
B) Mindestens in drei der Verkehrskreise Schiff-Schiff, Nautische Information, Funkverkehr an Bord oder Schiff-Hafenbehörde
C) Mindestens in einem der Verkehrskreise Schiff-Schiff, Nautische Information oder Schiff-Hafenbehörde
D) Mindestens abwechselnd in einem der Verkehrskreise Schiff-Schiff, Nautische Information, Funkverkehr an Bord oder Schiff-Hafenbehörde

IV. Sprechfunk

48. Wo findet man Regelungen über die Abwicklung des Binnenschifffahrtsfunks?

A) Allgemeiner Teil des Handbuchs Binnenschifffahrtsfunk
B) Regionaler Teil Deutschland des Handbuchs Binnenschifffahrtsfunk
C) Binnenschifffahrt-Sprechfunkverordnung
D) Binnenschifffahrtsstraßen-Ordnung

49. Wo findet man die empfohlenen fremdsprachlichen Redewendungen für die Abwicklung des Binnenschifffahrtsfunks?

A) Regionale Teile des Handbuchs Binnenschifffahrtsfunk
B) Allgemeiner Teil des Handbuchs Binnenschifffahrtsfunk
C) Binnenschifffahrt-Sprechfunkverordnung
D) Binnenschifffahrtsstraßen-Ordnung

50. Wozu dient die Internationale Buchstabiertafel im Binnenschifffahrtsfunk?

A) Zum Buchstabieren schwieriger Wörter, Namen und Bezeichnungen, um Übermittlungsfehler zu vermeiden
B) Zum Buchstabieren schwieriger Wörter, Namen und Bezeichnungen, um die Vorschriften der Binnenschifffahrt-Sprechfunkverordnung zu erfüllen
C) Zum Buchstabieren schwieriger Wörter, Namen und Bezeichnungen, um die Wichtigkeit der buchstabierten Begriffe zu betonen
D) Zum Buchstabieren schwieriger Wörter, Namen und Bezeichnungen, um Informationen zu verschlüsseln

51. Wo findet man Angaben über die UKW-Kanäle, die im Binnenschifffahrtsfunk in bestimmten Regionen benutzt werden sollen?

A) Regionale Teile des Handbuchs Binnenschifffahrtsfunk
B) Schifffahrtspolizeiverordnungen, z. B. Rheinschifffahrtspolizeiverordnung
C) Binnenschifffahrtsstraßen-Ordnung
D) Binnenschifffahrt-Sprechfunkverordnung

52. Wie erfolgt die Leistungsreduzierung beim Sendebetrieb einer Schiffsfunkstelle auf dem UKW-Kanal 10?

A) Automatisch
B) Manuell
C) Durch die Revierzentrale
D) Durch längeres Drücken der Sendetaste

53. Mit welcher Leistung sendet eine Schiffsfunkstelle auf UKW-Kanal 10?

A) 0,5 bis 1 Watt
B) 2 bis 5 Watt
C) 0,5 bis 25 Watt
D) 10 bis 25 Watt

54. Auf welchem UKW-Kanal müssen Schiffsfunkstellen – unabhängig von dem befahrenen Streckenabschnitt – während der Fahrt ständig empfangsbereit sein?

A) 10
B) 72
C) 20
D) 13

55. Welcher UKW-Kanal darf im Binnenschifffahrtsfunk nicht benutzt werden?

A) 16
B) 72
C) 10
D) 77

56. Wozu dienen im Binnenschifffahrtsfunk die UKW-Kanäle 72 und 77?

- A) Funkverkehr sozialer Art
- B) Nautische Absprachen
- C) Funkverkehr mit einer Revierzentrale
- D) Anrufe an eine Schleuse

57. Welche Fahrzeuge unterliegen auf bestimmten Wasserstraßen und an bestimmten Stellen einer Meldepflicht?

- A) Gefahrgutschiffe und Sondertransporte
- B) Motorfahrzeuge mit einer Gesamtlänge von mehr als 20 Metern
- C) Fahrgastschiffe mit mehr als 20 Passagieren
- D) Sportboote unter Segel

58. Vor jeder Aussendung ist sicherzustellen, dass ...

- A) kein anderer Funkverkehr gestört wird
- B) die Sendeleistung auf 25 Watt eingestellt ist
- C) die ATIS-Kennung zuvor ausgesendet wird
- D) die Rauschsperre geöffnet ist

59. Was kann die Funkverbindung zwischen einer Schiffsfunkstelle und einer Seefunkstelle beeinträchtigen?

- A) Die Schiffsfunkstelle sendet auf bestimmten UKW-Kanälen nur mit automatisch reduzierter Leistung
- B) Die Seefunkstelle sendet auf bestimmten UKW-Kanälen nur mit automatisch reduzierter Leistung
- C) Die Schiffsfunkstelle kann die AIS-Aussendung der Seefunkstelle auf bestimmten UKW-Kanälen nicht auswerten
- D) Die Seefunkstelle kann die ATIS-Aussendung der Schiffsfunkstelle auf bestimmten UKW-Kanälen nicht auswerten

60. Warum dürfen Seefunkstellen mit ihrer Seefunkanlage nicht am Binnenschifffahrtsfunk teilnehmen?

A) Seefunkanlagen verfügen weder über eine automatische Sendeleistungsreduzierung auf bestimmten UKW-Kanälen noch können sie einen ATIS-Code aussenden
B) Seefunkanlagen nutzen ein anderes Frequenzband als Binnenschifffahrtsfunkanlagen
C) Seefunkanlagen verfügen über einen DSC-Controller, der mit dem ATIS-System nicht kompatibel ist
D) Seefunkanlagen ermöglichen die Hörbereitschaft auf den UKW-Kanälen 16 und 70

61. Die Verwendung des Digitalen Selektivrufs (DSC) ist ...

A) im Binnenschifffahrtsfunk nicht zulässig
B) eingeführt zur Verbindungsaufnahme mit anderen Schiffsfunkstellen
C) eingeführt zur Identifizierung von Schiffsfunkstellen
D) im Binnenschifffahrtsfunk zulässig für Notalarme

62. Welche Sprache muss bei Verbindungen zwischen deutschen Schiffsfunkstellen und ausländischen Landfunkstellen benutzt werden?

A) Sprache des Landes, in dem sich die Landfunkstelle befindet
B) Heimatsprache des Funkers
C) Vorrangig Englisch
D) Vorrangig Deutsch

63. Welche Bedeutung hat ein weißes Tafelzeichen mit rotem Rand und der schwarzen Aufschrift „UKW 20" oder „VHF 20"?

A) Gebot, UKW-Kanal 20 zu benutzen
B) Gebot, eine Sendeleistung von 20 Watt zu gewährleisten
C) Hinweis, dass der Verkehrskreis Schiff-Schiff auf UKW-Kanal 20 abzuwickeln ist
D) Hinweis, dass der UKW-Kanal 20 für die Nutzung durch die Berufsschifffahrt vorgesehen ist

V. Betriebsverfahren und Rangfolgen

64. Welche Funkstellen sind zur Einleitung von Rettungsmaßnahmen vorzugsweise anzurufen?

- A) Revierzentralen
- B) Rettungsleitstellen
- C) Schiffsfunkstellen
- D) Polizeifunkstellen

65. Wie ist die Rangfolge des Funkverkehrs im Binnenschifffahrtsfunk?

- A) Notverkehr, Dringlichkeitsverkehr, Sicherheitsverkehr, Routineverkehr
- B) Dringlichkeitsverkehr, Notverkehr, Sicherheitsverkehr, Routineverkehr
- C) Sicherheitsverkehr, Dringlichkeitsverkehr, Notverkehr, Routineverkehr
- D) Notverkehr, Dringlichkeitsverkehr, Routineverkehr, Sicherheitsverkehr

66. Wie heißt das Notzeichen im Sprechfunk?

- A) MAYDAY
- B) PAN PAN
- C) SOS
- D) SECURITE

67. Welcher Funkverkehr ist einzuleiten, wenn sich an Bord eine lebensgefährlich verletzte Person befindet?

- A) Notverkehr
- B) Dringlichkeitsverkehr
- C) Sicherheitsverkehr
- D) Routineverkehr

68. Welcher Funkverkehr ist einzuleiten, wenn eine Person über Bord gefallen ist?

- A) Notverkehr
- B) Dringlichkeitsverkehr
- C) Sicherheitsverkehr
- D) Routineverkehr

69. Wer bestätigt eine Notmeldung im Verkehrskreis „Nautische Information"?

A) Ortsfeste Funkstelle
B) Behördenfahrzeug
C) In der Nähe befindliche Schiffsfunkstelle
D) Der Schiffsführer

70. Wer bestätigt eine Notmeldung im Verkehrskreis Schiff-Schiff"?

A) In der Nähe befindliche Schiffsfunkstelle
B) Ortsfeste Funkstelle
C) Verkehrsposten
D) Der Schiffsführer

71. Was bedeuten die Worte MAYDAY RELAY?

A) Aussendung einer Notmeldung durch eine Funkstelle, die sich selbst nicht in Not befindet
B) Beendigung einer Notmeldung durch die Funkstelle, die den Notverkehr leitet
C) Bestätigung des Empfangs einer Notmeldung
D) Notmeldung an eine Landstation mit der Bitte um Leitung des Notverkehrs

72. Was bedeuten die Worte SILENCE FINI?

A) Der Notverkehr ist beendet
B) Einer Funkstelle, die den Notverkehr stört, wird Funkstille geboten
C) Dringlichkeits- und Sicherheitsverkehr darf wieder aufgenommen werden
D) Alle Funkstellen müssen Funkstille einhalten

73. Was bedeuten die Worte SILENCE MAYDAY?

A) Die Funkstelle in Not gebietet den nicht am Notverkehr beteiligten Funkstellen Funkstille
B) Der Notverkehr ist beendet
C) Die am Notverkehr beteiligten Funkstellen genießen Vorrang
D) Eine Notmeldung folgt

74. Wann liegt ein Dringlichkeitsfall vor?

A) Wenn dringende Nachrichten übermittelt werden, die Sicherheit von Personen oder des Schiffes betreffen
B) Wenn eine unmittelbare Gefährdung von Mensch oder Schiff gegeben ist oder eine Gefahrenabwehr an Land notwendig ist
C) Wenn dringende Nachrichten übermittelt werden sollen, welche den Empfang eines Notzeichens betreffen
D) Wenn dringende Nachrichten übermittelt werden sollen, welche die Unterstützung durch die Wasserschutzpolizei betreffen

75. Wie lautet das Sicherheitszeichen im Sprechfunk?

A) SECURITE
B) MAYDAY
C) PAN PAN
D) SOS

76. Welche Meldungen werden mit dem Sicherheitszeichen SECURITE angekündigt?

A) Nachrichten, die eine wichtige nautische Warnnachricht oder eine wichtige Wetterwarnung beinhalten
B) Nachrichten, die eine wichtige nautische Warnnachricht oder den Radareinsatz bei unsichtigem Wetter beinhalten
C) Nachrichten, die eine wichtige Wetterwarnung oder eine Warnung zur Vermeidung von Umweltschäden beinhalten
D) Nachrichten, die eine wichtige nautische Warnnachricht oder eine dringende medizinische Meldung beinhalten

77. Welche Meldung ist zu verbreiten, wenn ein treibender Baumstamm beobachtet wird, der eine Gefahr für den Verkehr darstellt?

A) Sicherheitsmeldung
B) Notmeldung
C) Dringlichkeitsmeldung
D) keine Meldung

78. Welche Meldung ist zu verbreiten, wenn eine vertriebene Tonne beobachtet wird?

A) Sicherheitsmeldung
B) Notmeldung
C) Dringlichkeitsmeldung
D) keine Meldung

79. Wer entscheidet über die Art der auszusendenden Sprechfunkmeldung?

A) Schiffsführer
B) Bediener der Funkanlage
C) Wasserschutzpolizei
D) Revierzentrale